Nikolaus B. Enkelmann/Claudia E. Enkelmann

●

Die große Macht der Motivation

Nikolaus B. Enkelmann/
Claudia E. Enkelmann

Die große Macht der Motivation

Was Spitzenleistung möglich macht

Bibliografische Information der Deutschen Nationalbibliothek

Die Deutsche Nationalbibliothek verzeichnet diese Publikation in der Deutschen Nationalbibliografie; detaillierte bibliografische Daten sind im Internet über http://dnb.d-nb.de abrufbar.

ISBN 978-3-7093-0352-8

Es wird darauf verwiesen, dass alle Angaben in diesem Buch trotz sorgfältiger Bearbeitung ohne Gewähr erfolgen und eine Haftung der Autoren oder des Verlages ausgeschlossen ist.

© LINDE VERLAG WIEN Ges.m.b.H., Wien 2011
1210 Wien, Scheydgasse 24, Tel.: 01/24 630
www.lindeverlag.at
www.lindeverlag.de

Umschlag: buero8

Druck: Hans Jentzsch u Co. Ges.m.b.H.
1210 Wien, Scheydgasse 31

Inhalt

Einleitung: Nichts geht ohne Motivation

Studien belegen jedes Jahr aufs Neue: Mitarbeiter in Unternehmen sind zu einem erschreckend großen Teil nicht motiviert und nur wenig engagiert. Sie leisten Dienst nach Vorschrift oder haben sogar innerlich gekündigt und sitzen lediglich ihre Arbeitszeit ab. Die Identifikation mit dem Unternehmen, für das sie arbeiten, ist gering, das Arbeitsklima schlecht, Arbeit wird vor allem als Belastung betrachtet. Die Ergebnisse solcher Studien und Umfragen werden in den Medien kurz erwähnt, vielleicht wird in einigen Artikeln oder Talk-Runden im Fernsehen die Situation etwas näher beleuchtet und es fallen Schlagworte wie Überforderung und Burnout, es wird über die steigenden Anforderungen im Berufsleben gesprochen oder darüber, wie schwer es ist, Beruf und Familie unter einen Hut zu bringen, über die grundsätzliche Unsicherheit am Arbeitsmarkt und vieles mehr, was die Menschen belastet. Dann verschwindet das Thema wieder von der Bildfläche, die wirklichen Ursachen werden nicht hinterfragt, Lösungsansätze werden nicht formuliert. Dabei sind die Folgen dieser Situation gravierend: Durch die fehlende Motivation in den Unternehmen wird unglaublich viel Potenzial vergeudet. Zusätzlich zu den monetären Kosten werden enorme Kreativitäts- und Innovationspotenziale nicht ausgeschöpft, viele Menschen vergeuden wertvolle Lebenszeit in unbefriedigenden beruflichen Umständen, sind unzufrieden oder werden sogar krank. Ein negatives Image von „Arbeit" als notwendiges Übel, um seinen Lebensunterhalt zu bestreiten, ist eine weitere Folge dieser Entwicklungen. Der Leistungsgedanke als Ausdruck einer positiven Sichtweise von menschlichem Handeln ist für viele Menschen heute kein Anreiz mehr.

Doch nicht nur in der Arbeitswelt herrschen solche problematische Zustände, in den Schulen, auf den Universitäten, in vielen Organisationen und Institutionen sieht es nicht viel besser aus. Und sogar in den Familien und in privaten Beziehungen sind viele Menschen in hohem Maße unzufrieden, wenig bis gar nicht engagiert und nicht gewillt, über ein gewisses

Mindestmaß hinaus etwas einzubringen. Und wie in der Arbeitswelt gilt auch hier: Sehr viel Potenzial bleibt ungenutzt, Fähigkeiten und Talente vieler Menschen liegen brach, Erfolg und Lebensglück des Einzelnen bleiben ebenso auf der Strecke wie das Miteinander, das gemeinsame Erschaffen und Gestalten, das gemeinsame Wirken an Verbesserungen.

Es wäre nun ein Leichtes, den Mitarbeitern in den Unternehmen oder den Kindern und Jugendlichen in den Schulen die Schuld für ihre Lage zu geben und zu meinen, diese sollten sich einfach mehr anstrengen, dann würde sich die Situation schon zum Besseren wenden. Man könnte auch den Führungskräften und Lehrern die Verantwortung zuschieben und behaupten, sie müssten einfach nur besser führen oder den Unterricht anregender gestalten, dann würden die Mitarbeiter und die Schüler schon mitziehen. Bei all dem vernachlässigt man jedoch einen wichtigen Faktor: Nichts geht ohne Motivation! Ohne Motivation bewegt sich der Mensch nicht und kann er andere nicht bewegen. Und ohne Bewegung gibt es keine Veränderung, keinen Fortschritt, keine Verbesserung, keine Weiterentwicklung.

Nicht nur in den Unternehmen und in den Bildungsinstitutionen werden Führungspersönlichkeiten gebraucht, die wissen, wie wichtig Motivation, Begeisterung und Motivationsfähigkeit sind. Politik, Wissenschaft und Forschung, Sozialwesen – es gibt kaum einen Bereich, in dem die Gesellschaft von heute nicht vor einer Vielzahl anspruchsvoller Herausforderungen steht, die nur mit Kreativität, mit Veränderungswillen und höchster Leistungsbereitschaft bewältigt werden können. Wir brauchen Persönlichkeiten, die wissen, wie groß die Macht der Motivation wirklich ist und was sie damit Positives bewirken können. Wir brauchen Menschen, die Visionen formulieren und andere begeistern und mitreißen können. Wir brauchen Motivatoren, die Ziele formulieren und andere dazu motivieren können, gemeinsam an diesen Zielen zu arbeiten – und scheinen sie noch so utopisch.

Welche Macht von einer Vision und einer Idee ausgehen kann, zeigt das Beispiel des Apollo-Raumfahrtprogramms, das John F. Kennedy, kurz nachdem er zum Präsidenten der Vereinigten Staaten von Amerika ernannt worden war, initiierte:

„I believe that this nation should commit itself to achieving the goal, before this decade is out, of landing a man on the moon and returning him safely to the earth. No single space project in this period will be more impressive to mankind, or more important for the long-range exploration of space; and none will be so difficult or expensive to accomplish."

„Ich glaube, dass dieses Land sich dem Ziel widmen sollte, noch vor Ende dieses Jahrzehnts einen Menschen auf dem Mond landen zu lassen und ihn wieder sicher zur Erde zurückzubringen. Kein einziges Weltraumprojekt wird in dieser Zeitspanne die Menschheit mehr beeindrucken oder wichtiger für die Erforschung des entfernteren Weltraums sein; und keines wird so schwierig oder kostspielig zu erreichen sein."

Als John F. Kennedy am 25. Mai 1961 vor dem amerikanischen Kongress diese Worte sprach, ging es ihm nicht nur um ein Kräftemessen mit der Sowjetunion, die eineinhalb Monate zuvor mit Juri Gagarin den ersten bemannten Weltraumflug durchgeführt hatte. Es ging ihm auch darum, seinen Landsleute eine Vision und ein Ziel aufzuzeigen, so mächtig und anspielend, dass die ganze Nation sich damit identifizierte und unglaubliche Kräfte freisetzte, um diese technische Herausforderung zu bewältigen. In diesem Vorhaben steckte eine Symbolkraft, die beeindruckt und in ihrer geschichtlichen Dimension bis heute wirkt: Der erste Mensch auf dem Mond sollte ein US-Amerikaner sein. Assoziationen mit der Erschließung des amerikanischen Kontinents durch die Einwanderer aus der alten Welt wurden geweckt, bis heute ein sehr starker Identifikationsfaktor der Amerikaner. Ein enormer Innovationsschub in den technischen Wissenschaften wurde dadurch nötig und möglich und das Raumfahrtprogramm führte zu wichtigen Innovationen, die sich auf viele andere Bereiche wie Werkstofftechnik oder Computertechnik auswirkten und die halfen, die Vormachtstellung der USA in Wissenschaft und Technik auszubauen.

Als am 20. Juli 1969 Neil Armstrong und Edwin Aldrin mit dem Raumschiff Apollo 11 auf dem Mond landeten und Neil Armstrong am 21. Juli als erster Mensch den Mond betrat, hatte das Apollo-Programm trotz eines großen Rückschlags – bei einem Test mit einer Raumkapsel war ein Feuer ausgebrochen und drei Astronauten kamen ums Leben – sein erstes und wichtigstes Ziel erreicht. Ein kleiner Schritt für einen Menschen, ein großer Sprung für die Menschheit, wie Neil Armstrong es in einem der berühmtesten Sätze, die ein Mensch je gesprochen hat, ausdrückte. Die Wirkung dieses Ereignisses war enorm, nicht zuletzt deswegen, weil in dieser Zeit die Medien durch die immer weitere Verbreitung von Fernsehgeräten ganz neue Möglichkeiten zur Verfügung hatten, die Menschen in ihren Wohnzimmern mit sensationellen Bildern zu versorgen. John F. Kennedy selbst konnte diesen Erfolg nicht mehr erleben, er war 1963 einem Attentat zum Opfer gefallen – der „Weltraumbahnhof" der NASA, von dem seit 1968 die bemannten Raumflüge der Apollo-Missionen und ab 1981 die Space Shuttles abflogen, trägt seinen Namen: Kennedy Space Center.

Nicht einmal zehn Jahre hatte es von der erwähnten Rede bis zum ersten Spaziergang auf dem Mond gedauert. Eine Utopie war Wirklichkeit geworden, und angestoßen hatte dies ein Mann, der erkannt hatte, wie wichtig in der politisch angespannten Zeit des Kalten Krieges eine zukunftsweisende Vision war, die den amerikanischen Bürgern zeigte, dass es vorwärts ging und dass ihr Beitrag und ihre Leistung gebraucht wurde. Das Apollo-Programm brachte immerhin 400.000 Menschen Arbeit und es wurden 25 Milliarden US-Dollar investiert, was umgerechnet in heutige Kaufkraft 120 Milliarden US-Dollar entspricht. Das Beispiel des Raumfahrtprogramms der USA zeigt auf besonders eindrucksvolle Art und Weise, wozu ein Mensch, der motivieren kann, in der Lage ist. In diesem Fall war es die charismatische Persönlichkeit eines John F. Kennedy, der seinem Volk eine Vision präsentierte, die ihre Faszination bis weit über seinen Tod hinaus behielt und zu einer beeindruckenden kollektiven Leistung führte. Kennedy vermittelte den Amerikanern einen Sinn, der zu einer großen Leistung führte – weil die Menschen dazu bereit waren, diese Leistung zu erbringen. Ähnlich große Aufgaben warten heute auf jene, die bereit sind, sie in Angriff zu nehmen.

Motivation: Der Schlüssel zur Zukunft

Motivation ist die Fähigkeit, Leistungsreserven zu mobilisieren. Erfolgsorientierte Menschen können sich selbst und andere motivieren, sie wissen um ihre Potenziale und Möglichkeiten, sie packen an, gestalten und verändern. Sich selbst und andere zu motivieren ist eine Schlüsselfähigkeit, die in Zukunft noch viel wichtiger sein wird, als sie heute schon ist. Wir brauchen Menschen, die sich selbst motivieren können und die in der Lage sind, andere zu motivieren. Und zwar im positiven Sinne von Motivation.

Was unterscheidet motivierte Menschen von jenen, die als innerlich Gekündigte und Nicht-Engagierte in den Unternehmen ihre Arbeitszeit absitzen oder ohne Perspektive vor sich hinleben und so viele wertvolle Ressourcen ungenutzt lassen?

Unmotivierte Menschen	Motivierte Menschen
Warten, bis sich unbefriedigende Situationen von selbst ändern	Stoßen selbst Veränderungen an
Sehen das, was nicht funktioniert	Sehen das, was funktioniert
Kritisieren Fehler	Loben für Gelungenes
Sind Meister im Finden von Ausreden	Packen an
Betrachten ihr Schicksal als gegeben	Gestalten ihr Schicksal selbst
Haben Angst vor der Zukunft	Freuen sich auf die Zukunft

Verharren mental in der Vergangenheit	Leben im Hier und Jetzt
Sind Pessimisten	Sind Optimisten
Scheuen das Risiko	Trauen sich etwas (zu)
Demotivieren andere	Begeistern andere
Haben ein geringes Selbstwertgefühl	Haben ein gutes Selbstwertgefühl
Lehnen Visionen als „krank" ab	Können sich für Visionen begeistern
Haben keine Ziele	Wissen, was sie wollen
Sind oft misstrauisch	Zeigen Vertrauen
Kritisieren an allem herum	Loben und zeigen Anerkennung
Haben sich schon aufgegeben	Sind hoffnungsvoll und glauben an ihre Aufgabe

Unternehmen in vielen Branchen, aber auch Institutionen und Organisationen im Non-Profit-Bereich blicken einer Zukunft entgegen, in der aufgrund der demografischen Entwicklung weniger Mitarbeiter mit guten Qualifikationen zur Verfügung stehen werden. Schon heute wird vom „Kampf um die Talente" gesprochen. Der Mangel an hochqualifizierten Fachkräften ist vielfach schon spürbar. Hinzu kommt, dass Berufseinsteiger heute mit ganz anderen Werten und Einstellungen in die Unternehmen kommen als die Generationen vor ihnen. Sie haben den Anspruch, etwas Sinnvolles zu tun. Das Gehalt ist dabei nur ein Bestandteil unter vielen, um sie zu Höchstleistungen anzustacheln. Der „Kampf um die Talente" muss daher mit den Mitteln der Motivation geschlagen werden. Und dazu braucht es Führungskräfte, die diese Mittel kennen und anzuwenden wissen und die ihren Mitarbeitern den Raum schaffen, in dem sie erfolgreich sein können. Erfolg wiederum ist eine Folge von Denken und Handeln. Es geht dabei um Lebensgrundsätze, Zielformulierungen und deren Umsetzung. Für uns heißt Erfolg:

- wertvolle Ziele zu haben
- die Initiative zu ergreifen
- mutig Probleme zu lösen

- etwas bewirken zu können
- Leistung zu bringen
- Verantwortung zu übernehmen
- zum Fortschritt beizutragen
- Veränderungen im Positiven einzuleiten
- richtig mit Menschen umzugehen und sie zu motivieren
- sich weiterzuentwickeln
- anderen einen Weg zu zeigen
- Vorbild zu sein

Nur wenn eine Führungskraft – ein Lehrer, ein Vater, eine Mutter, jeder Mensch, der andere führt und leitet – das erkannt hat, weil sie selbst erfolgreich sein will und sich entsprechend motivieren kann, kann diese Persönlichkeit auch andere motivieren.

Motivation schlägt Talent

Die Bertelsmann Stiftung und Roland Berger Strategy Consultants haben Anfang 2011 mit Unterstützung der Tageszeitung *Bild* und der türkischen Zeitung *Hürriyet* mehr als 500.000 Bürger in Deutschland befragt, was sie sich von deutschen Schulen, Unis und Kindergärten wünschen. Das interessante Ergebnis der Umfrage: Bildung und Leistung bestimmen aus Sicht der Deutschen über den Erfolg im Leben! Als wichtigste Erfolgsfaktoren im Leben werden genannt:

1. Leistung (35 %)
2. Bildung (30 %)
3. Soziale Herkunft (27 %)
4. Glück/Zufall (4 %)
5. Talent (3 %)

Talente sind wunderbare Geschenke, die den Menschen in die Wiege gelegt werden. Doch das größte Talent nützt nichts, wenn es nicht entfaltet wird, wenn es sich nicht entwickeln kann, wenn es vielleicht sogar verschüttet bleibt, weil keiner es je entdeckt, weder der Träger noch sein Umfeld.

Warum sind manche Menschen wesentlich erfolgreicher als andere? Was bringt jemanden an die Spitze? Dieser Frage widmete sich eine Studie, die der Psychologe D. Anders Ericsson mit deutschen Kollegen Anfang der 1990er-Jahre an der Berliner Hochschule der Künste durchführte. Ericsson, heute Professor an der Florida-State-Universität in den USA, fand damals heraus, dass exzellente Violinisten mit der Perspektive, Weltklassesolisten zu werden, bis ins Alter von 20 Jahren insgesamt 10.000 Stunden geübt hatten. Die guten Musiker hatten nur 8.000 Stunden und eine dritte Gruppe, die eher den Beruf des Musiklehrers ergreifen würde, nur etwa 4.000 Stunden geübt. Bei Pianisten ergab sich ein ähnliches Bild. Die Spitzenpianisten hatten wie die Violinisten 10.000 Stunden Spielpraxis. Die Wissenschaftler entdeckten keine „Wunderkinder" oder „Naturtalente", die ihr Können müheloser als andere erreicht hatten, sie fanden aber auch niemanden, der nach 10.000 Stunden Praxis nicht zur Spitzengruppe gehörte. Viel hilft also viel – viel Übung bringt in jedem Bereich Expertentum hervor, und es dauert Jahre, bis man zur Spitze gehört, es gibt hier keine Abkürzungen.

Talent allein reicht also nicht, um erfolgreich zu werden, es muss es in die richtigen Bahnen gelenkt und zum Wachsen und Gedeihen gebracht werden. Sieht man sich die Lebensgeschichten vieler sogenannter „Wunderkinder" an, wird man feststellen, dass ihre herausragenden Leistungen keine „Wunder" sind, sondern hart erarbeitet. Übung, Disziplin und Konzentration sind die Zutaten, die aus Talent den Könner schmieden. Kinder mit herausragenden Talenten und Fähigkeiten können mit der richtigen Förderung, mit Leistungsbereitschaft und Konzentration zu Könnern werden – der Weg führt aber weniger über das Wunder als über die unglaublich starke Macht der Motivation.

Die Botschaft, die in dieser Erkenntnis steckt: Es kommt nicht auf die Anlagen an, die man in sich trägt, sondern darauf, was man daraus macht. Nur wer sich selbst motivieren kann, dem werden seine Talente nützlich sein und er kann darauf aufbauend Fähigkeiten entwickeln, diese trainieren und auf seinem Gebiet zum Meister werden. Es bedeutet aber auch, dass man andere motivieren kann und soll, ihre Talente zu entwickeln, indem man ihnen den Raum und die Mittel zur Verfügung stellt, die sie dazu brauchen. Dass es dabei nicht in erster Linie um materielle Aspekte geht, sollte schon an dieser Stelle klar sein: Das schönste Büro und die modernste Computerausstattung nützen wenig, wenn der Mitarbeiter keinen Freiraum für eine „sinnvolle" Erfüllung seiner Aufgaben hat und er von seinem Vorgesetzten nie ein wertschätzendes Wort hört.

Vergeuden Sie Ihre Motivationskraft nicht!

Motivierte Menschen haben in der Regel eine Vision von ihrer Zukunft. Sie fragen sich: „Was will ich eigentlich in meinem Leben erreichen?" und „Was muss ich tun, um meine Ziele zu erreichen?" Sie können ihre Begabungsreserven aktivieren und andere dabei unterstützen, ihr Leistungspotenzial wirklich zu nützen. In vielen Unternehmen geschieht genau das Gegenteil. Frei nach dem Motto „Der Mensch ist das einzige Lebewesen im Universum, das das Recht hat, seine Begabungen verkommen zu lassen" wird dem Pessimismus und der Demotivation viel Raum gelassen. Anstatt sich gegenseitig zu fördern und zu fordern, wird die Leistungsbereitschaft Einzelner unterdrückt bis hin zum Mobbing mit teilweise gravierenden Folgen für die Betroffenen und ihr Umfeld. Ein ähnliches Bild findet man in vielen gesellschaftlichen Bereichen vor.

Der Weg zur Fähigkeit, sich selbst und in der Folge andere zu motivieren, ist mit spitzen Steinen gepflastert. Wir nennen sie die „Motivationskiller". Dreiunddreißig davon haben wir für Sie gesammelt – wir beschreiben sie im nächsten Kapitel ausführlich. Die Motivationskiller wirken auf jeden von uns, sie wirken auf einzelne Menschen, in der Interaktion mit anderen und in der Gesellschaft insgesamt als Bremser, Verhinderer, Vermeidungsverstärker, Energievernichter. Motivationskiller blockieren die Einsatzbereitschaft, die Kreativität, die Kommunikation, sie sind Energieräuber und sie verstärken Ängste und Pessimismus.

Die Medien und die vielen sonstigen Kanäle, über die Informationen zu uns kommen, suggerieren uns, dass in der Welt unglaublich viele negative Dinge passieren und Kriege, Terrorismus, Naturkatastrophen und Krankheiten die Norm sind. Überall wird kommentiert, kritisiert, schlecht gemacht, eine pessimistische Sicht auf vieles prägt Politik und Wirtschaft. Die richtige Einordnung dieser Nachrichten fällt vielen schwer, kein Wunder bei der Menge und den permanenten Wiederholungen.

Viele Menschen befinden sich in einer Sinnkrise und steuern auf den Burn-out zu mit Wechselwirkungen in allen Lebensbereichen – Unzufriedenheit oder Frustration im Beruf beeinflusst die Partnerschaft und das Familienleben, Probleme im persönlichen Bereich wirken sich auf die Arbeitsleistung aus. Destruktive Gefühle fördern Angst, lähmen und blockieren. Dabei vergessen wir, wie groß die Ansteckungsgefahr ist, die von negativen Gefühlen ausgeht. Wer solche Gefühle in sich trägt, wird weder sich selbst noch andere motivieren können. Zögern und bremsen sind jedoch nicht die Lösung für die Probleme der Gegenwart und der Zukunft. Wir alle tragen die Verantwortung für unsere persönliche Zukunft, denn wir haben, im Gegensatz zu Tieren und Pflanzen, die Fähigkeit mitbekommen, unser Leben zu gestalten. Und damit auch die Pflicht, das Beste aus unserem Leben zu machen. Und das Beste ist nicht mit einer negativen Sicht auf die Welt und die Menschen, die in ihr leben, zu erreichen. Die großen Herausforderungen werden wir nur mit einer positiven Grundhaltung bewältigen, mit Optimismus. Optimismus ist immer dann entscheidend, wenn Ergebnisse und Ereignisse von unserer Erwartungshaltung beeinflusst werden.

Vielleicht kennen Sie den Ausspruch von Mark Twain: „In meinem Leben habe ich unvorstellbar viele Katastrophen erlitten. Die meisten davon sind nie eingetreten." Dieses Zitat birgt eine wichtige Botschaft in sich: Wir erschaffen uns unsere Realität selbst, in unseren Gedanken. Wenn wir uns mit pessimistischen Gedanken beschäftigen, werden wir eine pessimistische Sicht auf die Welt haben. Doch es gilt auch: Wenn wir uns mit optimistischen Gedanken beschäftigen, werden wir eine optimistische Sicht auf die Welt haben.

> Pessimismus lähmt – Optimismus befreit.
> Pessimismus macht Angst – Optimismus macht Mut.
> Pessimismus schafft Probleme – Optimismus löst Probleme.
> Pessimismus ist zerstörerisch – Optimismus ist schöpferisch.
> Pessimismus führt zum Misserfolg – Optimismus führt zum Erfolg.

Die Welt ist fraglos voller Risiken und Gefahren, doch sie ist auch voller Chancen und Möglichkeiten. Es ist alles eine Frage der Einstellung. Nur ein Mensch, der die Chancen und Möglichkeiten sieht, ist motiviert, seine Energie und seine Fähigkeiten einzusetzen, um diese Chancen wahrzunehmen. Und nur jemand, der anderen diese Chancen aufzeigen kann, kann motivieren.

Mark Twain zeigt uns mit seinem Spruch eines: Der Optimist ist der wahre Realist. Denn tatsächlich sind die herbeifantasierten Katastrophen im Leben Twains nicht eingetreten. Das heißt nicht, dass wir uns nicht immer wieder auf Wegkreuzungen befinden, an denen wir uns entscheiden müssen, in welche Richtung wir gehen. Und in jedem Leben gibt es Katastrophen, Krisen und Probleme. Ein Optimist, ein Mensch mit einer motivierten Grundhaltung, wird damit aber viel konstruktiver umgehen als ein Pessimist.

Motivation ist nicht Manipulation

Als Führungskraft im Unternehmen, als Lehrerinnen, als Familienmanager, im Ehrenamt und in der Freiwilligenarbeit: In jedem Bereich, in dem Menschen miteinander leben und arbeiten, sind Führungspersönlichkeiten mit starker Motivationskraft gefragt. Und das wird sich in Zukunft noch verstärken, denn das Leben wird immer schneller und komplexer, Optionen und Wahlmöglichkeiten erschweren viele Entscheidungen. Wer Wege aufzeigen und den Menschen dabei helfen kann, Ziele zu formulieren und zu erreichen, kann großen Einfluss gewinnen. Er übernimmt aber auch große Verantwortung, denn Motivation und die Beeinflussung anderer birgt natürlich auch die Gefahr von Manipulation im negativen Sinn. Und hier liegt auch das Problem, das viele Menschen mit dem Begriff „Motivation" haben: Sie möchten andere nicht beeinflussen, weil sie sich davor fürchten, zum Manipulator abgestempelt zu werden.

Diese Furcht ist allerdings unbegründet, denn wir werden immer beeinflusst, jeden Tag treffen wir unzählige Entscheidungen, die immer auf Einfluss beruhen. Wir werden von Werbung beeinflusst, von den Empfehlungen anderer, von Meinungen und Botschaften, die unsere Aufmerksamkeit erregen, von Vorbildern und Experten, von Gruppendruck und vielem mehr. Kein Wesen ist so stark beeinflussbar wie der Mensch. Das ganze Leben ist ein Prozess wechselseitiger Beeinflussung. Wir beeinflussen andere und werden umgekehrt auch von unserer Umwelt beeinflusst.

Selbstverständlich können Begeisterung, Einfluss und Motivation für positive wie für negative Ziele eingesetzt werden. Doch die Angst davor führt dazu, dass man sich Neuem verschließt und Veränderung ablehnt, auch wenn diese zum Besseren führen würde und die Grundlage für künftige Erfolge wäre. Daher ist die wesentliche Frage nicht: Wie kann ich vermeiden, von anderen negativ manipuliert zu werden oder andere zu manipulieren? Es geht vielmehr darum, sich selbst immer wieder zu entscheiden, wem man folgt. Welche Inhalte sind es, welche Personen, was ist das Angebot? Geht es um die Vermehrung von Chancen oder um die Einschränkung von Entwicklungsmöglichkeiten? In wessen und in welchem Interesse geschieht dies, wer profitiert davon?

Eine Meinung zu haben und einen Standpunkt einzunehmen ist nicht immer bequem, doch positive Motivation und Bequemlichkeit sind nun mal nicht kompatibel. Nur ein freier, selbstbestimmter und selbstbewusster Mensch kann andere positiv motivieren. Womit auch das Ziel dieses Buches gut beschrieben ist: Wir möchten Sie dabei unterstützen, diese Eigenschaften in sich zu entdecken und zu entwickeln und ein positiver Motivator, eine positive Motivatorin im besten Sinne zu werden.

Visionen: Saatkörner der Zukunft

Nur was gedacht wurde, existiert.

2. Grundgesetz der Lebensentfaltung

Abbildung 1:   Dr. Claudia E. Enkelmann, Dr. Robert H. Schuller und Nikolaus B. Enkelmann bei einem Besuch in den USA

Motiviert hat uns immer wieder das gewaltige Lebenswerk von Dr. Robert H. Schuller, der zu einigen der Bücher von Nikolaus B. Enkelmann Vorworte verfasst hat. Bei einer unserer vielen Begegnungen berichtete Robert H. Schuller, wie er vor vielen Jahren seiner damals noch kleinen Kirchengemeinde seine Vision des „Turms der Hoffnung" (Tower of Hope) erstmalig präsentierte. Alles begann mit gerade mal 25 US-Dollar eines anonymen Spenders in der Tasche – bei geschätzten Baukosten von einer Million. Zwölf Geschosse, auf der Spitze ein dreißig Meter hohes Kreuz, eine Kapelle oben auf dem Turm, von der aus man die herrliche Landschaft des Orange County in Kalifornien überblicken konnte: So stellte sich der Pastor, der 1955 mit einem Startkapital von 500 US-Dollar im Auftrag der Reformierten Kirche der USA in Garden Grove eine neue Kirchengemeinde gegründet hatte, das Gebäude vor. 1968 war der Bau vollendet. Doch die Kirchengemeinde wuchs beständig und damit der Platzbedarf für das reiche Gemeindeleben. Dr. Schuller ließ die nächste Vision Wirklichkeit werden: eine gläserne Kathedrale. 1977 begannen die Bauarbeiten, 1980 war die „Chrystal Cathedral" fertiggestellt – mit Baukosten um die 18 Millionen Dollar. Die Dr. Schuller, wie bei seinem Traum vom „Tower of Hope", nicht einmal annähernd zur Verfügung hatte. Was Dr. Schuller jedoch zeitlebens zur Verfügung stand, war die Kraft der Motivation. Seine Vision motivierte ihn derart, dass er das scheinbar Unmögliche möglich machte. Er visualisierte sich die Summe, die er brauchte, und erweiterte die Möglichkeiten der Beschaffung, indem er den unvorstellbaren Betrag von einer Million in vorstellbare Teilbeträge aufbrach. Von „Erstens: Finde 1 Person, die 1.000.000 Dollar spendet" rechnete er die Riesensumme schrittweise auf „Zehntens: Finde 1.000 Personen, die jeweils 1.000 Dollar spenden" herunter. Die motivierende Erkenntnis dabei: Von einer relativ unrealistischen Möglichkeit, jemanden zu finden, der eine Million spendete, erweiterte er seine Chancen auf insgesamt zehn schrittweise immer realistischere Möglichkeiten! So baute er den „Tower of Hope". Und so baute er mit einer ähnlichen Rechnung die gläserne Kathedrale. Mit Spenden von Menschen, die seine Vision großartig fanden und ihn unterstützten. Sein Traum, seine Vision war das Saatkorn, sein unbedingter Glaube an die Möglichkeiten, die sich ihm boten, der fruchtbare Untergrund, auf dem dieser Erfolg gedieh. „Wirf deinen Traum nicht weg – mach ihn wahr!", so das Motto von Dr. Schuller. Dieses Motto leitete ihn auch durch Phasen von Zweifel und Verzweiflung, die bei Projekten solchen Ausmaßes trotz des großen Ziels, das dahintersteht, nicht ausbleiben.

In Ihren Träumen ist nichts unmöglich. Träume sind keine Schäume, sondern ein großer Schatz, den es zu heben gilt. In Visionen formuliert, können Träume viel bewegen, für Sie selbst, aber auch für andere. Ohne Vision gibt es keine dauerhafte Motivation. Ohne ein Bild dessen, was Sie erreichen möchten, ohne Träume, Sehnsüchte und Wünsche, werden Sie Ihre Zukunft nicht gestalten können. Von der Zukunft zu träumen ist die vollkommene Motivation.

If you can dream it, you can do it!

Denken, Vorausdenken öffnet uns die Tür zur Zukunft. Doch Denken allein reicht nicht, erst was jemand durch sein Können und Tun verwirklicht, gibt ihm wirklich Macht über sein Leben. Viele Menschen, auch erfolgreiche, können sehr gut beschreiben, wo sie heute stehen, was sie erreicht haben. Doch nur wenige können beschreiben, wo sie in fünf oder zehn Jahren stehen werden. Bewusste Lebensführung heißt aber auch, die Zukunft aktiv zu gestalten. Nicht nur über seine Möglichkeiten nachzudenken, sondern diese auch umzusetzen. Von einer erfolgreichen Zukunft zu träumen, ist eine Sache, doch Ihr Ziel sollte sein, Ihren Traum in eine Vision zu verwandeln und einen Plan zu entwickeln, wie diese Vision Wirklichkeit werden kann.

Sieger sein im Lebenskampf

Viele Menschen warten, bis die Dinge sich von selbst verändern. Sie arrangieren sich mit ihrer Unzufriedenheit und merken gar nicht, dass sie diese Unzufriedenheit selbst gesät haben. Sie geben ihrem Schicksal die Schuld oder ihren Eltern, die sie nicht genug geliebt, den Lehrern, die sie nicht genug gefördert haben, den Umständen, in denen sie keine Chance auf Erfolg hatten, oder finden sonstige Ausreden für ihre Passivität, sprich: Unmotiviertheit. Das Terrain, auf dem gekämpft wird, hat sich verändert – der Säbelzahntiger ist dem inneren Schweinehund gewichen –, aber das Grundprinzip ist dasselbe geblieben. Es gibt Sieger und Verlierer im Lebenskampf und wer sich und andere motivieren will, sollte sich ganz bewusst auf die Siegerseite schlagen. Sieger wissen, dass sie auf keinen Fall aufgeben dürfen. Sie versuchen es immer wieder. Sie lassen sich nicht entmutigen und Schwierigkeiten sind für sie nichts anderes als spannende Herausforderungen. Was aber zeichnet Sieger aus? Beachten Sie die folgenden zehn Punkte und auch Sie werden zum Sieger:

1. Sieger haben keine Angst vor Fehlern.
2. Sieger haben einen Traum. Aber: Sieger sind keine Träumer.
3. Sieger suchen neue Varianten.
4. Sieger setzen sich selbst unter Druck.
5. Sieger sind von ihren Zielen fasziniert.
6. Sieger kennen ihren Selbstwert.
7. Sieger lieben ihr „Tun“.
8. Sieger haben mehr gute Gewohnheiten.
9. Sieger denken voraus und planen.
10. Sieger verhalten sich wie Sieger.

Die Wahrheit ist: Man bekommt nichts geschenkt. Das Leben ist ein Kampf, man muss, besser gesagt, man *kann* sich alles erobern. Und man sollte wissen, dass alles seinen Preis hat. Doch ist der Preis der Unzufriedenheit, Passivität und Unmotiviertheit nicht wesentlich höher als der Preis des Erfolgs?

**Motivation ermöglicht es uns, die Fülle menschlicher Ressourcen,
Fähigkeiten und Kräfte zu aktivieren.
So kann sich Potenzial entfalten und entwickeln.**

Die 33 größten Motivationskiller

Viele Menschen sind sich gar nicht im Klaren darüber, wie viele Faktoren sich gegen die eigentliche eigene Macht der Motivation verschwören können. Eine Vielzahl innerer und äußerer Motivationskiller arbeitet ständig daran, unser Potenzial zu blockieren und unsere Bereitschaft zu Leistung und Erfolg zu untergraben. Motivationskiller berauben uns unserer Kraft, unserer Träume und Visionen. Sie führen zu Unzufriedenheit, Gleichgültigkeit und können sogar krank machen – psychisch und physisch. Motivationskiller treten meist nicht einzeln auf und das Gefährliche an ihnen ist, dass sie nicht gleich ihr wahres Gesicht zeigen. Nicht jeder Motivationskiller wirkt bei allen Menschen gleich, sie wirken oft schleichend und im Wechselspiel mit anderen Einflüssen. Sie zu kennen ist wichtig, um zu verstehen, warum es manchmal so schwer ist, sich und andere zu motivieren, und wo man ansetzen muss, um bei sich und bei anderen Veränderungen zum Positiven zu bewirken.

1. „Keiner beachtet mich"

Übersehen, übergangen oder nicht beachtet zu werden ist sehr schmerzhaft. Dieses Gefühl der Bedeutungslosigkeit blockiert bei vielen Menschen die Antriebskraft. Eine der Ursachen dafür ist das Unvermögen, sich selbst gut zu präsentieren oder aktiv auf andere zuzugehen, was wiederum aus falscher Bescheidenheit, Schüchternheit oder der Scheu, sich selbst „zu verkaufen", resultiert. Dabei kann das „stille Wasser" noch so tief sein, wenn es nicht für sich und seine Leistungen trommelt, wird es nicht gehört werden. Ein Teufelskreis kommt in Gang, der in Form einer sich selbsterfüllenden Prophezeiung wirkt und das Gefühl, übersehen zu werden, immer weiter verstärkt. Sich selbst zu motivieren wird immer schwieriger, andere zu motivieren ein Ding der Unmöglichkeit, und so wird das Selbstwertgefühl immer schwächer.

2. Minderwertigkeitskomplex

Wer sich selbst für unvollkommen und minderwertig hält, traut sich weniger zu. Mit einer so negativen Einstellung und Selbstunterschätzung kann ein Mensch weder sich selbst noch andere sehr gut motivieren. Er wird aber auch selbst nur schwer motivierbar sein, seine Leistungsreserven zu aktivieren, denn er traut sich wenig zu. Mit dem Minderwertigkeitskomplex gehen oft Verhaltensmuster einher, mit denen das Minderwertigkeitsgefühl kompensiert werden soll, wie Arroganz oder Aggressivität, was andere von der inneren Problematik des Betreffenden ablenken soll, für das geschulte Auge aber natürlich erkennbar ist. Andere Menschen wiederum ziehen sich zurück oder nehmen eine Opferrolle ein, die sie daran hindert, selbst die Verantwortung für ihr Schicksal zu übernehmen. Mehr noch, je größer die Minderwertigkeitskomplexe eines Menschen, umso mehr will dieser mit dem Kopf durch die Wand und so mit immer mehr Druck statt mit Sog die Dinge vorantreiben.

3. Mangelndes Selbstwertgefühl

Wie beim Minderwertigkeitskomplex gilt: Wer sich selbst nicht für „erfolgsberechtigt" hält, weil er nicht an sich glaubt und seine Leistungen für unbedeutend hält, wird ein Problem damit haben, sich zu Handlungen zu motivieren, die ihn weiterbringen. Da man selbst nicht viel von sich hält, wird man auch nicht in sich selbst investieren oder gar an der Entfaltung der eigenen Talente arbeiten. So ist es naheliegend, dass ein Mensch mit geringem Selbstwertgefühl nicht motivieren kann, denn er wird nicht gut artikulieren können, was er vom Gegenüber erwartet, er tut sich schwer, zu delegieren oder um etwas zu bitten.

4. Undankbarkeit

Sie haben Ihrem Chef geholfen, die Präsentation für das Vertriebsmeeting aufzupolieren, sind dafür abends zwei Stunden länger im Büro geblieben

– und er hat sich nicht bedankt? Undankbarkeit ist ein klassischer Motivationskiller in der Arbeitswelt, der von Führungskräften in seiner Wirkung sehr unterschätzt wird. Aber nicht nur im Job, auch im Privatleben ist fehlender Dank verantwortlich für Demotivation und Frustration. Undankbarkeit signalisiert dem anderen: „Was du für mich tust, ist für mich selbstverständlich. Es ist für mich nicht so bedeutend, dass ich es extra kommentieren muss." Besonders sensible Menschen beziehen dies auf sich persönlich, sie fühlen sich als Person nicht wertgeschätzt und ihr Selbstwertgefühl leidet darunter. Aber auch eigene Undankbarkeit ist eine großer Motivationskiller, denn so manövriert man sich selbst in eine Opferhaltung, aus der nur allzu schnell ein Teufelskreis wird.

5. Mobbing

Von anderen schikaniert, sabotiert, geschnitten oder verleumdet zu werden, also gemobbt zu werden, untergräbt jegliche Motivation und kann psychisch und physisch extrem belastend sein. In einer „Mobbingkultur" ist positive Motivation praktisch nicht zu finden, sei dies am Arbeitsplatz, in der Schule oder in anderen Institutionen.

6. Negatives Denken

„Das funktioniert sowieso nicht", „Der Kunde wird mein Angebot sicher nicht annehmen", „Den Job bekomme ich bestimmt nicht": Negatives Denken wirkt demotivierend und leider bestätigen sich viele negative Vorannahmen dann auch, weil man sich gedanklich quasi darauf programmiert. Auch hier spielt mangelndes Selbstwertgefühl eine große Rolle. Negatives Denken ist eine schlechte Gewohnheit und hängt nicht zuletzt eng mit dem fehlenden Glauben an sich selbst und an die eigene Macht, etwas bewirken zu können, zusammen. Es kann aber auch aus Angst vor Veränderung oder gar aus Angst vor Erfolg entstehen.

7. Entmutigung und negative Suggestionen

„Dazu bist du noch zu klein", „Das kannst du nicht", „Wenn du das machst, wirst du sicher auf die Nase fallen", „Das wirst du bereuen", „Damit machst du dich lächerlich": Wer von der Umwelt dauernd solche Sätze vorgesagt bekommt, wird irgendwann auch selbst so mit sich sprechen. Was uns eingeredet wird, setzt sich irgendwann als Glaubenssatz fest und wir denken gar nicht mehr über den Wahrheitsgehalt der Aussagen nach. Viele Menschen leiden ihr ganzes Leben unter Ent-Mutigungen aus ihrer Kindheit oder sie werden im Erwachsenenalter von einem Mitmenschen oder ihrem Partner davon abgehalten, etwas anzupacken oder etwas in ihrem Leben zum Positiven zu verändern. Es versteht sich von selbst, dass jemand, der keinen Mut hat, auch nur das geringste Risiko einzugehen, ein Motivationsproblem hat.

8. Pessimismus

Der Pessimist hält die Welt für schlecht und sieht das böse Ende kommen. Selbst die beste Ausgangslage deutet er um und er findet immer einen Grund, warum etwas zu schön ist, um wahr zu sein. Mit einer solchen Grundhaltung wird positive Selbst- und Fremdmotivation nicht möglich sein. Wer immer das Schlechteste fürchtet, kann weder an sich und seine Potenziale noch an die Talente und Fähigkeiten der anderen glauben. Pessimismus und negatives Denken sind eng miteinander verwandt. In einer von Pessimismus geprägten Umgebung werden positive Motivation, Begeisterung und Freude im Keim erstickt.

9. Schlechte Nachrichten

Die Welt ist voll mit negativen Nachrichten, und das nicht nur in den Medien, die uns tagtäglich mit Schlagzeilen über Katastrophen aller Art überschütten. Auch im Alltag hören wir viel Negatives: Die Nachbarin erzählt uns von ihren Krankheiten, der Kollege regt sich über einen unfähigen Lieferanten auf, der Inhalt von Tratsch und Klatsch ist häufig von Schadenfreude, Missgunst und Neid geprägt. Im Firmenmeeting werden vorwiegend die Misserfolge diskutiert und Fehler besprochen, ein Kunde beschwert sich. Und dann wird am Wochenende auch noch das Wetter schlecht sein, Dauerregen ist angesagt und der geplante Ausflug fällt ins Wasser. Wer soll da gut gelaunt und motiviert seine Aufgaben erledigen? Negative Nachrichten können entweder punktuell demotivierend wirken – wenn sie aus heiterem Himmel kommen und eine Krise hervorrufen – oder sie können unseren Alltag schleichend vergiften, weil sie von allen Seiten immer wieder zu uns dringen und uns beeinflussen.

10. Ziellosigkeit

Wer nicht weiß, wohin er will, wird sich schwer dazu motivieren können, loszufahren. Ziellosigkeit und Lust, sich oder etwas zu bewegen, sind zwei Faktoren, die sich gegenseitig ausschließen. Und wer nicht in der Lage ist, den Menschen attraktive Ziele zu zeigen und sie davon so zu begeistern, dass sie sich mit diesen Zielen identifizieren und mitziehen, wird sich als Führungskraft nicht durchsetzen können. Das Schiff „Unternehmen" und die Menschen, die darin arbeiten, werden sich nicht vorwärtsbewegen. Ziele hängen eng mit Visionen zusammen – wo keine Vision, da auch keine lohnenswerten Ziele.

11. Falsche Freunde, schlechte Gesellschaft oder ein falsches Umfeld

Die Macht des Vorbilds ist ein sehr wichtiger Faktor auf dem Weg zum Erfolg. Wer sich mit Menschen umgibt, die ein Problem damit haben, wenn jemand zielstrebig und erfolgreich ist, wird mit negativen Reaktionen wie

Neid und Missgunst, vielleicht sogar mit Mobbing, konfrontiert sein. Viele Jugendliche vergeuden ihre Talente und Möglichkeiten, weil sie im falschen Freundeskreis stecken. Der soziale Druck ist dort oft sehr hoch und viele passen sich an, weil sie nicht ausgegrenzt werden wollen. In einem Umfeld, in dem Entmutigung dominiert, weil beispielsweise mehr auf Fehler als auf Stärken geachtet wird, werden viele Menschen keine eigenen Visionen und Ziele entwickeln und damit wird auch der Motivation die Luft abgegraben.

12. Geringer Handlungsspielraum

Alles streng geregelt und „Vorschrift ist Vorschrift" als Selbstzweck – in vielen Unternehmen, besonders in Konzernstrukturen, in denen ein komplexes Hierarchiesystem herrscht, gibt es Normen sowie geschriebene und ungeschriebene Gesetze, die den Mitarbeitern oft nur wenig Handlungsspielraum lassen. Besonders fatal wirkt sich das im Kundenservice und im Beschwerdemanagement aus, in Unternehmen oft sehr kritische Bereiche, in denen viel Potenzial zur Kundenbindung liegt. Unternehmen, die das verstanden haben und ihren Mitarbeitern beispielsweise eigene Budgets zur Verfügung stellen, damit sie spontan und flexibel auf Kundenbeschwerden reagieren können, erhöhen die Zufriedenheit – und die Motivation – von Mitarbeitern wie Kunden merklich. Geringer Handlungsspielraum heißt auch: Ich darf nichts entscheiden; ich darf meinen Verstand nicht einsetzen; ich muss tun, was andere mir sagen, ohne den Sinn zu hinterfragen; ich darf mich nicht einbringen. Ein enger Handlungsspielraum kann auch durch übertriebenes Kontrollverhalten oder mangelnde Delegationsfähigkeit des Vorgesetzten verursacht sein, der seinen Mitarbeitern nichts zutraut oder ihnen nicht vertraut. Je hierarchischer und patriarchalischer die Führungsstruktur ist, umso geringer ist oft der Handlungsspielraum der Mitarbeiter. Zu viel Bürokratie lähmt und nimmt die Lust, sich zu engagieren.

13. Schlechte Führung

Ein starker Motivationskiller in Unternehmen und Organisationen ist schlechte Führung. Schlechte Führung zeichnet sich durch unklare oder widersprüchliche Anweisungen, mangelnde Entscheidungsfähigkeit, mangelnde Fähigkeit zum Delegieren, Kontrollwahn, fehlende Wertschätzung von Personen und ihren Leistungen, Orientierung an Fehlern statt an Erfolgen und andere Faktoren aus. Das konstruktive Miteinander von Mitarbeitern und Vorgesetzten wird dadurch erschwert, man zieht nicht an einem Strang, Sand ist im Getriebe, Stagnation ist die Folge. In einer schlecht geführten Organisation überwiegen Frustration, Unsicherheit, Dienst nach Vorschrift und innere Kündigung. Eine solche Organisation ist überdies anfällig für Mobbing. Eine Führungskraft, die nicht gut führt, kann keinen Sinn vermitteln, keine Visionen und Ziele vorgeben und nicht begeistern. Die motivierbaren Mitarbeiter werden ein solches Unternehmen verlassen, es bleiben die wenig Motivierten, die eine Veränderung scheuen oder die sich mit der Situation arrangieren, weil sie vielleicht nur noch ein paar Jahre bis zur Rente „abzusitzen" haben.

14. Mangelnde Teamarbeit und Machtspiele

Wenn in einem Unternehmen mehr gegeneinander als miteinander gearbeitet wird, bleibt die Motivation auf der Strecke. Teamarbeit ist nicht einfach auf Anweisung von oben umsetzbar, sie muss begleitet und moderiert werden und die Rolle und Aufgaben jedes Teammitglieds müssen klar definiert und von allen akzeptiert sein. Machtspiele verhindern echte Teamarbeit und sind ein Motivationskiller, denn damit verbunden sind oft Intrigen und Mobbing. Eine Führungskraft, die das zulässt oder sich selbst daran beteiligt, stellt sich das denkbar schlechteste Zeugnis aus. Teamarbeit wird in ihrer Komplexität oft unterschätzt und so manches Projekt scheitert, weil die individuell unterschiedlich wirksamen Motivationsfaktoren nicht beachtet und somit schon von vornherein Sprengfallen eingebaut werden, die ein noch so gutes Projektmanagement nicht ausschalten wird können.

15. Respektlosigkeit

Achtung vor der Würde einer Person, Aufmerksamkeit, Rücksicht, Höflichkeit, Anerkennung von Leistung: Respekt hat viele Facetten, immer aber geht es um Wertschätzung des anderen, seiner Rolle, seiner Leistung, seiner Autorität. Respektlosigkeit hat analog dazu ebenso viele Facetten, je nachdem, wer sie wen in welchem Zusammenhang spüren lässt. Respektlosigkeit gegenüber Untergebenen ist ein Merkmal schlechter Führung oder von Frustration, Respektlosigkeit gegenüber Vorgesetzten oder Autoritätspersonen kann von schlechter Erziehung bis Frustration als Reaktion auf Verhalten des anderen unterschiedlichste Ursachen haben. Häufig ist Respektlosigkeit ein Motivationskiller, denn sie verursacht im Gegenüber eine negative Reaktion. Dieses kann sich gegen die Respektlosigkeit wehren oder sie schweigend schlucken, in jedem Fall zerstört sie die Beziehung, verhindert den Aufbau von Vertrauen und nagt am Selbstwertgefühl.

16. Krankheit

Körperliches Wohlbefinden und Motivation stehen zueinander in Wechselwirkung. Krankheit kann ein Motivationskiller sein, ebenso kann ständige Demotivation, zum Beispiel am Arbeitsplatz, dazu führen, dass sich verschiedene körperliche Beschwerden einstellen. Besonders chronische Krankheiten wirken sich auf die Motivation negativ aus, sie beeinflussen die Lebensqualität und führen oft zu einer resignativen Grundhaltung oder auch zur Depression. Motivationskiller sind aber nicht nur körperliche oder seelische Krankheiten, sondern auch Süchte in allen Erscheinungsformen. Das Thema Sucht am Arbeitsplatz ist leider mit sehr starken Tabus behaftet, nur wenige Unternehmen gehen mit dieser Problematik offen um und unterstützen beispielsweise Mitarbeiter, die ein Alkoholproblem haben, oder holen Gesundheitsberater ins Unternehmen. Kranke Menschen leiden oft mehrfach: Neben ihrer körperlichen und seelischen Beeinträchtigung werden sie auch ausgegrenzt, wird ihnen Verantwortung entzogen und landen sie auf dem Abstellgleis, selbst dann, wenn sie nur vorübergehend krank sind und in absehbarer Zeit ihre Aufgaben wieder voll übernehmen können.

17. Hoffnungslosigkeit

Es kann viele Gründe dafür geben, warum ein Mensch die Hoffnung verliert: Krankheit bei sich oder seinen Liebsten, Beziehungsprobleme, Geldsorgen, Angst vor dem Verlust des Arbeitsplatzes und sonstige unglückliche Umstände. Was für den einen vielleicht bedeutet „Jetzt erst recht, ich lasse mich nicht unterkriegen!" – also ihn motiviert! –, kann den anderen vollkommen lähmen. Hoffnungslosigkeit ist ein sehr starker Motivationskiller, denn wer keine Hoffnung hat, der wird mit Visionen und Zielen nicht viel anfangen können, er wird sie nicht als positive Impulse erkennen, sondern sie vielleicht sogar als zynisch empfinden. Hoffnungslosigkeit führt zu diversen weiteren Motivationskillern wie negatives Denken, Sinnlosigkeit, Ziellosigkeit und auch Krankheit.

18. Probleme in der Partnerschaft

Eine gemeinsame Vision und die gegenseitige Unterstützung bei der Erreichung von persönlichen wie gemeinsamen Zielen sollten in einer Partnerschaft selbstverständlich sein. Leider sieht die Realität häufig anders aus. Partnerschaft und Familienleben mit dem Beruf in Einklang zu bringen ist eine große Herausforderung, und oft verliert man im Alltag die Lebensziele aus den Augen oder die Partner entwickeln unterschiedliche Interessen. Leider kommt es auch vor, dass jemand von vornherein den falschen Partner gewählt hat oder dass man sich im Laufe der Zeit auseinanderlebt und die persönlichen Ansprüche und Ziele und die Art und Weise, dahin zu gelangen, nicht mehr zusammenpassen. Probleme in der Partnerschaft, offene oder unterschwellige Konflikte, Vorwürfe und Enttäuschungen können sehr demotivierend sein und sich zu starken Motivationskillern entwickeln. Wenn sie nicht bearbeitet werden, können sie sogar in einen Scheidungskrieg münden oder sonstige Belastungen mit sich bringen, in die viel Energie fließt.

19. Geringe Frustrationstoleranz

Die Menschen gehen aufgrund ihrer persönlichen Geschichte, ihrer Persönlichkeit, ihrer Erziehung und anderer Einflüsse sehr unterschiedlich mit Frustrationen um. Die Bandbreite an Reaktionen auf Enttäuschungen, Probleme, Kritik, Misserfolg und sonstige als negativ wahrgenommene Ereignisse ist groß. Eine geringe Frustrationstoleranz kann jedoch ein starker Motivationskiller sein, denn wer sich beispielsweise von jedem kritischen Wort des Chefs, und sei es noch so sachlich geäußert, persönlich angegriffen fühlt, wird sich eher zurückziehen und diesen Situationen aus dem Weg gehen. Oder er wird wütend reagieren, sich in eine Verteidigungshaltung begeben, anderen die Verantwortung zuschieben oder sich herausreden. Immer wenn Probleme oder Hindernisse auftauchen, brauchen wir eine Frustrationstoleranz, um nicht gleich aufzugeben. Viele vergessen, dass das ganze Leben aus Problemen besteht und es unsere Aufgabe ist, diese zu meistern.

20. Fehlende Anerkennung

Wird die Leistung eines Menschen von außen nicht beachtet oder anerkannt, leidet die Motivation darunter sehr stark. Die fehlende Anerkennung beeinflusst das Selbstwertgefühl, nährt Selbstzweifel und wirft in letzter Konsequenz die Sinnfrage auf: „Warum mache ich das überhaupt?

Es sieht ohnehin keiner, wie ich mich abrackere", „Wozu strenge ich mich an, es interessiert doch keinen, was ich mache" und so weiter. Doch nicht nur in der Beziehung zwischen Mitarbeitern und Chef kann dieser Motivationskiller wirken. So gibt es ganze Berufsgruppen, die darunter leiden, dass das Bild dessen, was sie leisten, in der Öffentlichkeit nicht wahrgenommen wird oder sie sogar gesellschaftlicher Kritik ausgesetzt sind. Lehrer oder auch die Pflegeberufe haben hier vielfach einen schweren Stand, und nicht ohne Grund sind die Burn-out-Raten dort besonders hoch. Fehlende Anerkennung ist auch dort ein starker Motivationskiller, wo komplette gesellschaftliche Gruppen „abgestempelt" werden, wie „Arbeitslose" oder „Migranten" oder sogar „die Jugend".

21. Kritik

Wer ständig kritisiert wird oder sich kritisiert fühlt, dessen Motivation wird nicht besonders stark sein, besonders, wenn die Kritik nicht konstruktiv ist. Und ist sie gar ungerechtfertigt, verstärkt das die Demotivation noch mehr. Kritik ist in unserer Gesellschaft leider sehr stark verankert, in den Medien, der Politik, aber auch im Alltag jedes Menschen wird vieles kritisiert, ohne sich über die Hintergründe oder Ursachen des kritisierten Umstandes Gedanken zu machen. Jemand, der andere ständig kritisiert, wird selbst keine Motivationsfähigkeit haben, ein sehr kritischer Chef darf von seinen Mitarbeitern nicht viel mehr als Dienst nach Vorschrift erwarten.

22. Unfaire Behandlung

„Das ist ungerecht, ich habe doch gar nichts getan!", klagt die große Schwester, die wieder einmal für den kleinen Bruder den Kopf hinhalten muss. „Warum muss ich schon wieder die Werkstatt aufräumen", schmollt der Auszubildende, „ich war doch erst gestern an der Reihe!" „Warum bekommt der Kollege eine Prämie und ich nicht? Ich habe doch genauso hart gearbeitet wie er!" Warum ich und nicht die anderen, warum die anderen und nicht ich? Das Gefühl, unfair behandelt zu werden, ruft Widerstand, Wut oder Enttäuschung hervor. Hier spielt der Vergleich mit anderen eine Rolle. Aber auch Kritik oder Bestrafung können als unfaire Behandlung empfunden werden. Ob wirklich unfair oder nur gefühlt unfair, auf jeden Fall wirkt unfaire Behandlung demotivierend, der Betroffene wird sein Engagement zurückschrauben.

23. Unfaire Bezahlung

Auch bei der Bezahlung spielt der Vergleich mit anderen eine Rolle. Wer sich unfair bezahlt fühlt, richtet sich dabei häufig danach, was andere für dieselbe Tätigkeit bekommen – sei dies im eigenen Unternehmen oder beispielsweise über in Medien und auf Online-Jobbörsen veröffentlichte Gehaltsvergleiche. Aber auch Gruppen oder Mitarbeiter ganzer Branchen können sich im Verhältnis dazu, was sie leisten, unfair bezahlt fühlen. Die Höhe der Bezahlung spielt dabei nicht unbedingt eine Rolle – auch ein Topmanager, dem man die Millionenprämie kürzt, weil das Unternehmen, das er führt, ins Trudeln gekommen ist, kann sich unfair bezahlt fühlen. Wie bei der unfairen Behandlung spielen hier verschiedene Faktoren zusammen, darunter auch die persönliche Frustrationsschwelle, ab der jemand etwas als unfair empfindet. Das Gefühl reicht aber zumeist schon, um demotiviert zu sein.

24. Versagensängste

Die Angst zu versagen tritt in unterschiedlichen Situationen auf. Je nach Persönlichkeitsstruktur kann diese Angst ein Motivator oder ein Motivationskiller sein. Ein Motivationskiller wird sie dann, wenn man das, wovor man Angst hat, vermeidet. Also zum Beispiel ein Job-Angebot ausschlägt oder Aufgaben nicht übernimmt, weil man sich vor dem Scheitern fürchtet. Versagensängste hindern Menschen auch daran, vor größeren Gruppen zu sprechen und Präsentationen oder Vorträge zu halten. Versagensängste können sehr belastend sein und die damit verbundene Vermeidungshaltung führt dazu, dass man entsprechenden Herausforderungen aus dem Weg geht und sich immer in die zweite Reihe stellt, seine Talente und Fähigkeiten also nicht nützt. Die Ursachen für Versagensängste können vielfältig sein. In unserer Kultur, in der Fehler als Makel betrachtet werden und nicht als Lernpotenzial, ist Versagen auch häufig mit Stigmatisierung verbunden. Versagensängste hängen eng mit Selbstbewusstsein und Selbstvertrauen zusammen. Je mehr man sich in Vermeidungshaltungen begibt, umso schwächer wird der Glaube an sich selbst.

25. Furcht vor Misserfolg

Ähnlich wie Versagensängste wirkt die Furcht vor Misserfolg als Motivationskiller. Dabei ist es häufig eine Frage der Interpretation, was überhaupt ein Misserfolg ist, denn für jeden errungenen Erfolg muss man immer auch ein paar Misserfolge in Kauf nehmen. Um nicht schlecht dazustehen oder nicht erleben zu müssen, wie wir unseren eigenen, völlig überzogenen Ansprüchen nicht gerecht werden, verlieren wir den Mut, etwas zu wagen. Misserfolge gehören zum Leben dazu und in einem Misserfolg kann auch sehr viel Lernpotenzial stecken. Doch viele Menschen geben nach einem Misserfolg sofort auf, oder, noch schlimmer, schon die Furcht davor lässt sie vor schwierigen Aufgaben zurückschrecken. Sie fürchten sich davor, vor anderen schlecht dazustehen und als Versager abgestempelt zu werden und die Verantwortung für den Misserfolg zu übernehmen. Besonders stark wirkt die Furcht vor Misserfolg in einem Umfeld, in dem Misserfolge generell als negativ betrachtet werden. Dass in einer solchen Umgebung die positive Motivation wenig Raum hat, verwundert nicht.

26. Echte Misserfolge

Nichts verunsichert einen Menschen mehr als eine Reihe von Misserfolgen. Doch können Sie sich leicht ausmalen, wie unsere Welt aussähe, hätte so mancher Erfinder nach dem ersten Misserfolg aufgegeben. Politik, Wissenschaft, Technik, Kultur: immer neue Anläufe, die Welt besser, das Leben sicherer, den Alltag angenehmer zu machen, sind verantwortlich dafür, dass es Fortschritt und Entwicklung gibt. Doch leider lassen sich viele Menschen von einem ersten Misserfolg so beeinflussen, dass sie ihre Ambitionen zurückschrauben und ihre Motivation verlieren. Unsere an Fehlern statt an Stärken ausgerichtete Kultur unterstützt diese Haltung leider. Schon in der Schule werden die Weichen gestellt, die viele Menschen davon abhalten, Dinge auszuprobieren, das Risiko des Misserfolgs in Kauf zu nehmen, und so zu lernen und sich weiterzuentwickeln. Misserfolg wird so zu einem Motivationskiller statt zu einem Antreiber.

27. Vorgesetzter ohne natürliche Autorität

Natürliche Autorität hängt eng mit Charisma und der Ausstrahlung von Kompetenz und Selbstvertrauen zusammen. Fehlt einer Führungskraft die natürliche Autorität, wird sie Visionen und Ziele nur schwer so verankern können, dass diese von allen Mitarbeitern mitgetragen werden. Fällt es schwer, den Vorgesetzten in seiner Rolle zu respektieren, weil dieser keine natürliche Autorität ausstrahlt, kann das zu einem Motivationskiller im Unternehmen werden. Die „Macht der Position" allein reicht heute nicht mehr aus, um Menschen zu motivieren, wir brauchen Persönlichkeiten mit Ausstrahlung, denen die Menschen vertrauen und die gern Verantwortung tragen und Entscheidungen treffen, um die Probleme der Zukunft anzugehen. Häufig trifft man diese Problematik in Familienunternehmen an, in denen der Senior an den Junior übergibt, der in seine Führungsrolle erst hineinwachsen muss, oder in Start-ups von sehr jungen Gründern, die keine Führungserfahrung haben und ihre Rolle als Vorgesetzte nicht richtig ausfüllen. Und selbst in einem Unternehmen oder einer Organisation mit einer sehr flachen Hierarchiestruktur braucht man Menschen mit natürlicher Autorität und Charisma in der Führung, die nach innen und außen die Firmenkultur repräsentieren.

28. Mangelndes Feedback

Kein Lob, keine Rückmeldung, aber auch keine Kritik – ab einem gewissen Punkt sind alle drei gleich demotivierend, denn jeder Mensch will wissen, wo er steht, wie andere ihn einschätzen, wo er noch dazulernen kann und welche Rolle sein Beitrag überhaupt spielt. „Wenn ich nichts sage, dann passt alles" ist eine Aussage, mit der Führungskräfte sich oft begnügen, wenn es um das Thema Feedback geht. Dass sie damit die Motivation ihrer Mitarbeiter „killen", ist ihnen dabei nicht klar. Und das gilt nicht nur in Unternehmen. Auch in der Partnerschaft und in der Familie ist eine solche Haltung nicht sehr motivierend. Ein Kind, das nie gelobt wird, wenn es etwas gut macht, wird es auf Dauer genauso schwer haben, sich einzuordnen, wie eines, dem keine Grenzen gesetzt werden, wenn es etwas anstellt. Genauso wenig konstruktiv wie mangelndes Feedback ist pauschal verteiltes oder unreflektiertes Feedback, und auch hier gilt das wieder für Lob wie für Kritik.

29. Keine Entwicklungsmöglichkeiten

Ist das Ende der Karriereleiter erreicht, hat der Mitarbeiter aber den Wunsch nach mehr, was ihm das Unternehmen aber nicht bieten will oder kann, wird er sich in der aktuellen Position nur schwer motivieren lassen. Auch wenn er sehr erfolgreich ist, es wird ihm der Anreiz fehlen, seine Leistungsreserven bis zum Letzten auszureizen. Auch ein höheres Gehalt, ein Bonus oder sonstige monetäre Vergünstigungen werden nicht oder nur sehr kurzfristig wirken. Unternehmen verlieren daher exzellente Mitarbeiter, die sie eigentlich bräuchten, um für die Herausforderungen der Zukunft gewappnet zu sein.

30. Perspektivlosigkeit

Ähnlich den fehlenden Entwicklungsmöglichkeiten wirkt die Perspektivlosigkeit als Motivationskiller. Veränderungen im Unternehmen wie Fusionen und Übernahmen, Verlagerung ins Ausland, Wechsel im Management und standort- oder branchenbezogene Strukturveränderungen bringen Unruhe und Unsicherheit ins Unternehmen. Oft wird dies durch mangelnde Kommunikation, unausgereifte Entscheidungen der Führungsebene und, besonders bei Fusionen und Verlagerungen ins Ausland, durch das Aufeinanderprallen unterschiedlicher Firmenkulturen und Mentalitäten, verursacht oder verstärkt. Unter dem Gesichtspunkt der Mitarbeitermotivation kann in solchen Situationen extrem viel schiefgehen. Perspektivlosigkeit kann aber auch im privaten Bereich wirksam werden, zum Beispiel nach einer Trennung oder dem Verlust des Partners und anderen Krisen. Antriebslosigkeit, Zukunftsängste, fehlender Lebenssinn sind oft die Folgen.

31. Falsche Glaubenssätze

„Erfolg ist schwerer zu erreichen als Misserfolg", „Reichtum verdirbt den Charakter", „Ich muss es immer allen recht machen", „Ich darf niemanden um Hilfe bitten", „Ich bin zu jung/alt/dick/hässlich/ungebildet, um …", „Als Frau kann man in dieser Branche/dieser Firma keine Karriere machen", „Ein Mann muss Härte zeigen", „Ich kann das nicht" und nicht zuletzt „Das ist unmöglich": Wir könnten die Reihe solcher Aussagen unendlich fortsetzen und sicher haben Sie einige davon schon gehört oder sie auch selbst schon gedacht oder ausgesprochen. Viele Menschen lassen sich ihr Leben lang durch falsche Glaubenssätze daran hindern, erfolgreich zu sein, ihr Schicksal in die eigenen Hände zu nehmen und ihre Potenziale und Talente zu ihrem Nutzen und zum Nutzen anderer einzusetzen. Falsche, weil negative, abwertende oder von Vorurteilen geprägte Glaubenssätze sind sehr wirkungsvolle Motivationskiller, speziell dann, wenn sie Ihre Haltung zu sich selbst negativ beeinflussen oder sogar zu Minderwertigkeitsgefühlen führen. Sie blockieren die Kreativität, den Mut und die Bereitschaft zu Veränderung.

32. Vergleich mit anderen

Ein sehr „wirksamer" Motivationskiller ist der Vergleich mit anderen. Wir haben es bei den Themen „unfaire Behandlung" und „unfaire Bezahlung" auch schon angesprochen: Das Gefühl der mangelnden Fairness oder der Ungerechtigkeit entsteht oft dann, wenn man sich mit anderen vergleicht. Anstatt zu sehen, was wir gut gemacht haben, und darauf zu achten, ob man selbst besser geworden ist, neigen wir dazu, uns mit jenen Menschen zu vergleichen, die genau in diesem einen Punkt besser sind. Solange man nicht weiß, dass der Kollege 300 Euro mehr verdient als man selbst, fühlt man sich mit seinem Gehalt wohl. Sobald man es aber weiß, kommt man ins Grübeln, ist auf einmal unzufrieden, fragt sich, warum der andere mehr bekommt, findet hundert Gründe, warum das ungerecht ist, der Groll gegenüber dem Chef wächst, die negativen Gefühle werden immer stärker. Anlässe für den Vergleich mit anderen gibt es genug und damit auch viele Gründe für Neid, Missgunst, Verdächtigungen, Tratsch und Klatsch. Je schwächer das eigene Selbstwertgefühl ist, umso anfälliger wird man für den Vergleich. Und je weniger ein Mensch an sich selbst glaubt, umso schneller kann ihn ein Vergleich mit anderen verunsichern und demotivieren.

Sich selbst mit anderen zu vergleichen ist die eine Seite der Medaille. Die andere Seite ist, von anderen verglichen zu werden. Eltern, die ihre Kinder unter Leistungsdruck bringen, indem sie sie mit anderen vergleichen und entweder für viel klüger oder viel dümmer halten, setzen das denkbar schlechteste Motivationsinstrument ein.

33. Der stärkste Motivationskiller: das Gefühl der Sinnlosigkeit

Entweder man übernimmt eine Lebensaufgabe
oder es kommt zur Selbstaufgabe. *

Elisabeth Lukas (geb. 1942), österr. Psychologin und
Logotherapeutin, bekannteste Nachfolgerin
von Viktor E. Frankl

„Das hat doch alles keinen Sinn!" So oder ähnlich denken Menschen, die nicht mehr weiter wissen oder sogar schon resigniert haben. Sie geben auf, fühlen sich hilflos und finden nicht mehr die Kraft, für etwas zu kämpfen. Mit dem Thema Sinn befinden wir uns unmittelbar an den Wurzeln menschlicher Existenz. Nach dem Sinn des Lebens zu fragen ist ein Kennzeichen des Menschen. Er fragt, warum er etwas macht, wofür, weshalb, wozu er diese oder jene Entscheidung trifft, so oder anders handelt, diesen oder jenen Weg geht. Sinn ist also eine sehr wichtige Lebensgrundlage. Findet ein Mensch auf seine Fragen keine Antworten, wird jegliche Motivation „gekillt". Die Sinnfrage wird besonders dann drängend, wenn jemand in eine Krise gerät. Das Gefühl von Sinnlosigkeit kann typischerweise sogar mit den Gedanken an Selbstmord einhergehen. Sinnlosigkeit führt zwangsläufig zu Depression und Pessimismus und wirkt auf die ganze Umgebung ansteckend.

Der Arbeitspsychologe und Psychotherapeut Dr. Helmut Graf beschäftigt sich im Rahmen seiner Tätigkeit als Therapeut und Unternehmensberater intensiv mit dem Thema Sinn und Arbeitswelt. Aus der Arbeit mit Klienten und aus Untersuchungen weiß er, dass die heutige Situation in den Unternehmen für Führungskräfte wie für Mitarbeiter zu einer „Sinndissonanz" führt. Der Anspruch an ihr Tun, ihr Wunsch und Wille,

---

* Mit freundlicher Genehmigung durch Süddeutsches Institut für Logotherapie GmbH, www.logotherapie.de.

etwas zu bewirken, ihre Talente und Fähigkeiten bestmöglich einzubringen, wird häufig von außen untergraben – unternehmensinternes Ranking und damit verbundener Wettbewerb, mangelhafte Informationen, fehlende Unterstützung durch andere sind nur einige der Störfelder, die die Motivation untergraben. Die Menschen funktionieren irgendwann nur noch, erbringen vielleicht sogar gute Leistungen, doch mit den Monaten und Jahren führt diese Sinndissonanz zu immer mehr Frustration. Helmut Graf geht davon aus, dass ein Viertel der Führungskräfte mit mehr als 30 Mitarbeitern unter einer solchen – oft sehr ausgeprägten – Sinndissonanz leiden. Und das hat nicht nur Auswirkungen auf die Qualität ihrer Arbeit, sondern auf ihre psychische Gesundheit, auf das Familienleben und das soziale Miteinander. Und es zieht seine Kreise immer weiter. „Dass die Welt so ist, wie wir sie heute erleben, hat damit zu tun, dass etliche von uns eine solche Sinndissonanz erleben", so Helmut Graf im Rahmen unseres großen Erfolgskongresses im Frühjahr 2011.

Aufgabe

Mein Umgang mit Motivationskillern

Welche Rolle spielen die 33 Motivationskiller in Ihrem Leben? Anhand der folgenden Tabelle können Sie darüber nachdenken, was Sie selbst schon erlebt haben und was Sie in Ihrer derzeitigen Lebenssituation beeinflusst. In der dritten Spalte können Sie einschätzen, welche demotivierenden Handlungen gegenüber anderen Sie schon angewendet haben – unbewusst oder bewusst, unabsichtlich oder absichtlich.

Arbeiten Sie entweder die ganze Tabelle auf einmal durch oder nehmen Sie sich die „Killer" einzeln vor. Beantworten Sie dazu folgende Fragen:

Wenn Sie schon einmal selbst von den Auswirkungen eines Motivationskillers betroffen waren: Was war die Ursache, die Quelle? Was waren die Auswirkungen? Wie habe ich mich gefühlt? Was habe ich getan, um die Situation zu ändern, die Angelegenheit zu klären? Was hat jemand anderes getan, um die Situation zu ändern, die Angelegenheit zu klären? Wie wurde der Motivationskiller ausgeschaltet?

Wenn Sie aktuell von einem Motivationskiller betroffen sind: Was ist die Ursache, die Quelle? Welche Auswirkungen hat das? Wie fühle ich mich? Was kann ich tun, um die Situation zu ändern und den Motivationskiller auszuschalten?

Wenn Sie selbst schon einmal einen Motivationskiller angewendet haben: Was habe ich getan oder gesagt, was einen anderen demotiviert hat? Was waren die Auswirkungen? Wie habe ich mich dabei gefühlt? Was kann ich aus jetziger Sicht tun, damit ich künftig nicht mehr demotivierend gegenüber anderen auftrete? – Beantworten Sie die letzte Frage intuitiv, im Laufe der weiteren Lektüre werden Sie viel darüber erfahren, wie Sie andere positiv motivieren können.

1 nie/fast nie, 2 selten, 3 manchmal, 4 häufig, 5 dauerhaft

Motivationskiller	Selbst schon einmal erlebt	Aktuell in meiner Lebenssituation	Selbst schon mal „angewendet"
„Keiner beachtet mich"	1 – 2 – 3 – 4 – 5	1 – 2 – 3 – 4 – 5	1 – 2 – 3 – 4 – 5
Minderwertigkeitskomplex	1 – 2 – 3 – 4 – 5	1 – 2 – 3 – 4 – 5	1 – 2 – 3 – 4 – 5
Mangelndes Selbstwertgefühl	1 – 2 – 3 – 4 – 5	1 – 2 – 3 – 4 – 5	1 – 2 – 3 – 4 – 5
Undankbarkeit	1 – 2 – 3 – 4 – 5	1 – 2 – 3 – 4 – 5	1 – 2 – 3 – 4 – 5
Mobbing	1 – 2 – 3 – 4 – 5	1 – 2 – 3 – 4 – 5	1 – 2 – 3 – 4 – 5
Negatives Denken	1 – 2 – 3 – 4 – 5	1 – 2 – 3 – 4 – 5	1 – 2 – 3 – 4 – 5
Entmutigung und negative Suggestionen	1 – 2 – 3 – 4 – 5	1 – 2 – 3 – 4 – 5	1 – 2 – 3 – 4 – 5
Pessimismus	1 – 2 – 3 – 4 – 5	1 – 2 – 3 – 4 – 5	1 – 2 – 3 – 4 – 5
Schlechte Nachrichten	1 – 2 – 3 – 4 – 5	1 – 2 – 3 – 4 – 5	1 – 2 – 3 – 4 – 5
Ziellosigkeit	1 – 2 – 3 – 4 – 5	1 – 2 – 3 – 4 – 5	1 – 2 – 3 – 4 – 5
Falsche Freunde, schlechte Gesellschaft, falsches Umfeld	1 – 2 – 3 – 4 – 5	1 – 2 – 3 – 4 – 5	1 – 2 – 3 – 4 – 5

Geringer Handlungs-spielraum	1 – 2 – 3 – 4 – 5	1 – 2 – 3 – 4 – 5	1 – 2 – 3 – 4 – 5
Schlechte Führung	1 – 2 – 3 – 4 – 5	1 – 2 – 3 – 4 – 5	1 – 2 – 3 – 4 – 5
Mangelnde Teamarbeit und Machtspiele	1 – 2 – 3 – 4 – 5	1 – 2 – 3 – 4 – 5	1 – 2 – 3 – 4 – 5
Respektlosigkeit	1 – 2 – 3 – 4 – 5	1 – 2 – 3 – 4 – 5	1 – 2 – 3 – 4 – 5
Krankheit	1 – 2 – 3 – 4 – 5	1 – 2 – 3 – 4 – 5	1 – 2 – 3 – 4 – 5
Hoffnungslosigkeit	1 – 2 – 3 – 4 – 5	1 – 2 – 3 – 4 – 5	1 – 2 – 3 – 4 – 5
Probleme in der Part-nerschaft	1 – 2 – 3 – 4 – 5	1 – 2 – 3 – 4 – 5	1 – 2 – 3 – 4 – 5
Geringe Frustrations-toleranz	1 – 2 – 3 – 4 – 5	1 – 2 – 3 – 4 – 5	1 – 2 – 3 – 4 – 5
Fehlende Anerkennung	1 – 2 – 3 – 4 – 5	1 – 2 – 3 – 4 – 5	1 – 2 – 3 – 4 – 5
Kritik	1 – 2 – 3 – 4 – 5	1 – 2 – 3 – 4 – 5	1 – 2 – 3 – 4 – 5
Unfaire Behandlung	1 – 2 – 3 – 4 – 5	1 – 2 – 3 – 4 – 5	1 – 2 – 3 – 4 – 5
Unfaire Bezahlung	1 – 2 – 3 – 4 – 5	1 – 2 – 3 – 4 – 5	1 – 2 – 3 – 4 – 5
Versagensängste	1 – 2 – 3 – 4 – 5	1 – 2 – 3 – 4 – 5	1 – 2 – 3 – 4 – 5
Furcht vor Misserfolg	1 – 2 – 3 – 4 – 5	1 – 2 – 3 – 4 – 5	1 – 2 – 3 – 4 – 5
Echte Misserfolge	1 – 2 – 3 – 4 – 5	1 – 2 – 3 – 4 – 5	1 – 2 – 3 – 4 – 5
Vorgesetzter ohne natürliche Autorität	1 – 2 – 3 – 4 – 5	1 – 2 – 3 – 4 – 5	1 – 2 – 3 – 4 – 5
Mangelndes Feedback	1 – 2 – 3 – 4 – 5	1 – 2 – 3 – 4 – 5	1 – 2 – 3 – 4 – 5
Keine Entwicklungs-möglichkeiten	1 – 2 – 3 – 4 – 5	1 – 2 – 3 – 4 – 5	1 – 2 – 3 – 4 – 5
Perspektivlosigkeit	1 – 2 – 3 – 4 – 5	1 – 2 – 3 – 4 – 5	1 – 2 – 3 – 4 – 5
Falsche Glaubenssätze	1 – 2 – 3 – 4 – 5	1 – 2 – 3 – 4 – 5	1 – 2 – 3 – 4 – 5
Vergleich mit anderen	1 – 2 – 3 – 4 – 5	1 – 2 – 3 – 4 – 5	1 – 2 – 3 – 4 – 5
Sinnlosigkeit	1 – 2 – 3 – 4 – 5	1 – 2 – 3 – 4 – 5	1 – 2 – 3 – 4 – 5
Anzahl der ange-kreuzten Motivations-killer			

Welches sind die derzeit größten Motivationskiller mit der größten Auswirkung auf Ihr Leben?

1. _____

2. _____

3. _____

Demotivation ist sehr stark und sie wirkt überall. Jeden Tag und in unglaublich vielen Situationen sind wir mit ihr konfrontiert. Wichtig ist, darauf künftig gut zu achten und etwas dagegen zu tun – bei sich und mit anderen. Und wichtig ist, die Macht der Motivation dazu einzusetzen, die Macht der Demotivation zu brechen und die unglaublichen Potenziale, die dadurch frei werden, zum Nutzen aller einzusetzen.

Wie Motivation funktioniert

Was wir am nötigsten brauchen, ist ein Mensch,
der uns zwingt, das zu tun, was wir können.

Ralph Waldo Emerson (1803–82),
amerikan. Philosoph und Dichter

Schon die griechischen Philosophen der Antike haben nach Erklärungen für menschliches Verhalten gesucht und bis heute beschäftigt sich die Wissenschaft mit der Frage nach den Beweggründen des Menschen für sein Handeln. Diese Forschungen mündeten in zahlreichen Theorien und Erklärungsmodellen für menschliches Verhalten, die sich in zwei Hauptrichtungen zusammenfassen lassen: Zum einen befasst sich die Wissenschaft mit Inhalt, Art und Wirkung von Motiven, zum anderen mit den Auswirkungen der Motivation auf das Verhalten.

Motivation ist die Kraft, die Sie – und andere! – erfolgreich macht. Motivation ist der unbedingte Drang, Wunsch, ein bestimmtes Ziel zu erreichen. Motivation ist ein Gefühl, das anspornt, die Bereitschaft zu handeln. Die Stärke der Motivation bestimmt das Ausmaß unserer Leistungsbereitschaft. Sie wird von verschiedenen inneren und äußeren Faktoren beeinflusst. Motivation ist etwas sehr Individuelles, jeder Mensch hat bestimmte Motive, die in bestimmten Situationen als Antreiber wirken. Der Mensch und die Situation stehen dabei immer in einer Wechselwirkung zueinander.

Lustgewinn und Schmerzvermeidung

Jene Disziplin, die sich mit dem Thema Motivation am intensivsten beschäftigt hat, ist seit gut einhundert Jahren die Psychologie.

Die alten Griechen hatten das menschliche Verhalten bereits mit dem Prinzip des Hedonismus erklärt, wonach es in der Natur des Menschen liegt, Lust und Vergnügen anzustreben und Unlust oder Schmerz zu vermeiden. In Fortführung dieses Ansatzes wurde im 19. Jahrhundert, als sich die Psychologie als eigene Richtung innerhalb der Wissenschaft herausbildete, die Rolle der Triebe und Instinkte erforscht.

Sigmund Freud (1856–1939) legte mit seiner „Libidotheorie" einen wichtigen Grundstein für die weitere Erforschung der Triebe und Instinkte. Die Libidotheorie geht wie auch andere psychoanalytische Triebtheorien davon aus, dass der Mensch im Wesentlichen von seinen Grundbedürfnissen gesteuert bzw. getrieben wird. Die Libido als „Triebenergie" und „Lebenstrieb" lenkt die Wahrnehmung und das Verhalten des Menschen, beeinflusst von internen und externen Rahmenbedingungen. Das psychologische Hauptmotiv ist der Lustgewinn bzw. die Vermeidung von Unlust, und dies in allen Lebensbereichen, nicht beschränkt auf die Sexualität. Freud unterscheidet Triebe nach ihrer Entstehung und nach ihrer Funktion. Von Geburt an trägt der Mensch demnach Primärtriebe in sich: Das Bedürfnis nach Nahrung, Wasser, Sauerstoff, Ruhe, Entspannung und Sexualität sichert die Erhaltung der Art und des Individuums. Ab der Kindheit entwickeln sich dann die sogenannten Sekundärtriebe wie beispielsweise das Bedürfnis nach Sicherheit und Anerkennung.

Positive und negative Verstärkung

Spätere Kritiker der Freudschen Triebtheorie haben sich von dieser Begrifflichkeit entfernt. So hat beispielsweise der amerikanische Psychologie Heinz Hartmann in den 1930er-Jahren von libidinöser bzw. aggressiver Motivation gesprochen. Andere Psychologen haben sich von der Triebtheorie als mechanistisch-biologische Betrachtungsweise des menschlichen Verhaltens abgewandt und Theorien der menschlichen Beziehungen entwickelt. Einige Psychologen und Psychoanalytiker betrachteten die Triebe nicht als angeboren, sondern näherten sich einem Modell eines Systems von Motiven an. Die Triebtheorie konnte nach ihrer Auffassung das menschliche Verhalten nicht ausreichend erklären. Dies fand in den 1920er-Jahren Niederschlag in Erklärungsmodellen zu erlernten Motiven, die mit Belohnungs- und Bestrafungsmechanismen das Verhalten des Menschen steuern. Ein Meilenstein in der Erforschung der Verhaltensmotive ist die Theorie des US-amerikanischen Psychologen Burrhus Frederic Skinner, der in den 1950er-Jahren ein Modell entwickelte, wonach Menschen durch positive oder negative Verstärkung bestimmte Motive erlernen und Verhaltensweisen entwickeln, mit denen sie diese Motive bzw. Bedürfnisse befriedigen können. Diese Verhaltensweisen verfestigen sich durch Konditionierung als Gewohnheiten und lassen sich in Schemata einteilen, die dazu führen, dass das Verhalten des Menschen voraussagbar wird („Behaviorismus").

Neben der Tiefenpsychologie nach Freud und der Verhaltenspsychologie nach Skinner bildeten sich ab den 1950er-Jahren zwei weitere Theorien heraus, die bis heute immer wieder genannt werden: die Theorie der Motivation von Abraham Maslow und die Zwei-Faktoren-Theorie von Frederick Herzberg.

Die Bedürfnispyramide

Das Maslowsche Modell beschreibt die menschlichen Bedürfnisse als aufeinander aufbauende Stufen einer Pyramide. Die unterste Stufe bilden die körperlichen Grundbedürfnisse. Darauf aufbauend folgen das Bedürfnis nach Sicherheit, nach sozialen Beziehungen, sozialer Anerkennung und letztendlich Selbstverwirklichung.

Die „Maslowsche Bedürfnispyramide" wird aufgrund ihrer Einfachheit bis heute gern zur Erklärung der menschlichen Motivstruktur eingesetzt, auch wenn sie eindimensional ist und man damit individuelle Motivlagen nicht schlüssig erklären kann. Denn diese sind viel komplexer, als die Pyramide suggerieren will. So sehen wir das Bedürfnis nach Selbstverwirklichung schon viel weiter unten in der Pyramide angesiedelt, der moderne Mensch in unserer Gesellschaft drückt beispielsweise heute durch sein alltägliches Konsumverhalten zur Befriedigung von körperlichen Grundbedürfnissen seinen Wunsch nach Selbstverwirklichung ebenso aus wie in der Wahl seines Berufes (Motiv Sicherheit) oder seiner sozialen Beziehungen. Dies mag auch der Grund sein, warum Maslow 1970 die Spitze der Pyramide in „Transzendenz" geändert hat: die Suche nach Gott, nach einer über das Selbst hinausgehenden Dimension. Da die Bedürfnispyramide aber bis heute gern im Zusammenhang mit Verkaufspsychologie eingesetzt wird, findet man in der Regel die Abbildung mit der Selbstverwirklichung als oberster Stufe.

Arbeitsinhalt und Umfeldbedingungen

Wie die Maslowsche Pyramide gehört auch die in den 1960er-Jahren von Frederick Herzberg entwickelte Zwei-Faktoren-Theorie zu den bis heute populären Erklärungsansätzen für Motivation, speziell im Zusammenhang mit Arbeit. Herzberg unterscheidet jene Faktoren, die auf den *Inhalt* der Arbeit bezogen sind (Motivatoren), von den Faktoren, die auf den *Kontext* der Arbeit bezogen sind, die sogenannten Hygienefaktoren. Motivatoren sind zum Beispiel Leistung und Erfolg, die Möglichkeit, Verantwortung zu tragen, Anerkennung, Karrieremöglichkeiten, Wachstum sowie die Inhalte der Arbeit selbst. Motivatoren kommen primär aus dem Arbeitsinhalt und sie beeinflussen die Leistungsmotivation. Nicht jeder empfindet das Fehlen dieser Motivatoren als Mangel und Quelle von Unzufriedenheit, aber die Förderung dieser Motivatoren kann zu einem wichtigen Schlüssel für Zufriedenheit und Erfolgserlebnisse werden. Hygienefaktoren sind die äußeren Arbeitsbedingungen, die durch die Personalpolitik, den Führungsstil und die damit zusammenhängenden Arbeitsbedingungen bestimmt werden. Dazu gehören auch die Beziehungen zu Vorgesetzten und Kollegen, die Sicherheit der Arbeitsstelle und nicht zuletzt die Entlohnung und der Einfluss der Arbeit auf das Privatleben. Bei positiver Ausprägung verhindern diese Faktoren Unzufriedenheit, können aber nicht zu mehr Zufriedenheit beitragen. Vielmehr werden sie als selbstverständlich betrachtet oder gar nicht explizit bemerkt, sie gehören zu Firmenkultur. Fehlen sie oder sind sie schwach ausgeprägt oder mit Konflikten verbunden, wird das jedoch als Mangel wahrgenommen.

Mit Hilfe der Motivatoren und der Hygienefaktoren lassen sich vier mögliche Grundkonstellationen definieren, die sich auf die Motivation unterschiedlich auswirken:

- Starke Hygienefaktoren und starke Motivatoren: Die Mitarbeiter sind hoch motiviert, die Außenbedingungen stimmen, es gibt kaum Grund für Beschwerden der Mitarbeiter – die ideale Situation. Das Resultat sind Unternehmen mit gutem Image bei Mitarbeitern und Bewerbern, bei Kunden und Lieferanten.
- Starke Hygienefaktoren und schwache Motivatoren: Es stimmen zwar die Außenbedingungen, die Mitarbeiter sind aber wenig motiviert, beschweren sich aber auch wenig. Dies ist typisch für Unternehmen mit Amtscharakter, in denen Karrieresprünge eher von abgesessenen Jahren als von Leistung abhängig sind.
- Schwache Hygienefaktoren und starke Motivatoren: Die Arbeit ist spannend und bietet viele Herausforderungen, die Arbeitsbedingungen sind schlecht. Die Menschen beschweren sich über die Bedingungen, sind aber motiviert und motivierbar, wenn die Arbeit einen hohen Sinnfaktor mitbringt, beispielsweise in Non-Profit-Organisationen beim Außeneinsatz in Krisengebieten oder in der ehrenamtlichen Arbeit.
- Schwache Hygienefaktoren und schwache Motivatoren: Dies führt zu unmotivierten Mitarbeitern, die sich mit einer schlechten

Arbeitssituation konfrontiert sehen – die ungünstigste Konstellation, die es aber leider gar nicht so selten gibt, beispielsweise im Einzelhandel oder in Gastronomie und Tourismus.

Das Zwei-Faktoren-Modell von Herzberg zeigt, dass interne und externe Einflüsse auf unsere Motivation wirken und diese entweder stärken oder schwächen können. Es erklärt aber nicht, wie Motivation im einzelnen Menschen wirklich wirkt, wie es gelingen kann, Menschen so von etwas zu begeistern, dass sie über sich hinauswachsen und das scheinbar Unmögliche möglich machen. Hier hilft eine etwas tiefergehende Betrachtung der inneren und äußeren Faktoren, der sich auch viele Wissenschaftler seit den 1960er-Jahren verschrieben haben.

Extrinsische und intrinsische Motivation

Die Frage nach der optimalen Motivationstechnik sowohl für Selbstmotivation wie für Fremdmotivation ist untrennbar mit dem Thema „extrinsische und intrinsische Motivation" verbunden. Was treibt jemanden dazu, Höchstleistungen auf seinem Gebiet zu erbringen? Die Aussicht auf eine Belohnung? Oder die Aussicht auf die befriedigende Tätigkeit an sich, in der man aufgeht und die einen für Stunden alles um sich herum vergessen lässt?

Extrinsisch motivierte Verhaltensweisen werden von außen in Gang gesetzt: Der Mitarbeiter erledigt seine Aufgabe, weil er sich Anerkennung durch den Chef verspricht oder weil ihm eine Prämie in Aussicht gestellt wurde. Er kommt jeden Tag pünktlich ins Büro, weil er keine Abmahnung wegen Zuspätkommens riskieren möchte. Die Schülerin meldet sich freiwillig zum Referat, weil sie ihre Zeugnisnote damit verbessern kann. Der Junge räumt halbherzig sein Zimmer auf, weil er dann mit zu McDonald's darf. Der Autofahrer wartet am Fußgängerübergang, bis die alte Dame die Straße überquert hat, weil auf der anderen Straßenseite eine Polizeistreife steht. Regeln, Vorschriften, der Stichtag für die Steuererklärung, das Notensystem in der Schule – all dies führt eher zu extrinsisch motivierten Verhaltensweisen als zu Begeisterung über die Art und den Inhalt der Tätigkeit.

Intrinsisch motivierte Verhaltensweisen kommen aus dem Inneren des Menschen, weil er das selbst so möchte, selbstbestimmt und aus dem Bedürfnis heraus, seine Sache sehr gut zu machen, etwas zu schaffen, in seiner Tätigkeit aufzugehen. Aus dem Gefühl heraus, dass eine Sache an und für sich so, wie er sie macht, stimmig und richtig ist. Es bedarf dazu keines Anstoßes von außen. Der Mitarbeiter erledigt seine Aufgabe, weil er sich darauf freut, sich ein paar Stunden vollkommen darauf zu konzentrieren und dann ein tolles Ergebnis in Händen zu halten. Er kommt jeden Tag pünktlich ins Büro, weil er sich auf einen interessanten Arbeitstag freut. Die Schülerin meldet sich zum Referat, weil sie im Zoo einen tollen Vortrag über Pandas gehört hat und ihren Mitschülern auch davon erzählen will. Der Junge räumt sein Zimmer auf, weil er stolz darauf ist, dass er schon ganz allein staubsaugen darf. Der Autofahrer hält am Fußgängerübergang, bis die alte Dame auf der anderen Straßenseite angekommen ist, weil er weiß, welchen Stress seine Mutter immer hatte, wenn sie in hohem Alter eine vielbefahrene Kreuzung überqueren musste. Künstlerische Betätigung um ihrer selbst willen, ein Hobby, in dem man vollkommen aufgeht, ehrenamtliche Arbeit, selbstvergessenes Spielen – all dies sind intrinsisch motivierte Tätigkeiten.

In welchem Verhalten liegt mehr Zufriedenheitspotenzial? Wer wird das bessere Ergebnis bringen? Wer wird mehr Begeisterung ausstrahlen? Aus den genannten Beispielen lässt sich leicht erkennen, welche Form von Motivation die erstrebenswertere ist, doch nicht immer lässt sich intrinsische Motivation erreichen, wir brauchen also beide Formen in einem ausgewogenen Verhältnis. Die Kunst der Führung und der Motivation liegt darin, extrinsisch motiviertes Verhalten so mit Sinn aufzuladen, dass der Übergang zu intrinsischer Motivation fließend ist.

Im Zusammenhang mit intrinsischer und extrinsischer Motivation in Unternehmen wird seit vielen Jahren speziell das Thema Mitarbeitermotivation durch finanzielle Anreize diskutiert. Auf den ersten Blick würde man Geld ja durchaus als idealen Anreiz betrachten, um Mitarbeiter zu mehr Leistung anzustacheln. Doch haben verschiedene Studien gezeigt, dass finanzielle Anreize sogar demotivierend wirken können. Erhält bislang intrinsisch angetriebenes Verhalten durch Geld-Belohnungen einen extrinsisch motivierten Charakter, sinkt der Grad der Selbstbestimmung und die Motivation und damit die Leistung kann unter gewissen Umständen abnehmen. Belohnungen in Form von Bonuszahlungen, Prämien, Gehaltserhöhungen sind also als einzige bzw. primäre Motivationsmaßnahmen nicht immer die beste Wahl, denn sie wirken nicht bei jedem Mitarbeiter gleich und ihr Effekt ist vom gesamten Umfeld abhängig, in dem sie eingesetzt werden.

Anlässlich unseres großen Jubiliäumskongresses 2011 hatten wir Monty Roberts, den berühmten Pferdeflüsterer, eingeladen. Faszinierend ist, wie er selbst mit Pferden das Prinzip der intrinsischen Motivation umsetzt. Die Pferde lernen im Training mit ihm beispielsweise, nicht mit Zwang, Gewalt oder Druck, sondern aus eigenem Antrieb in den Transportanhänger zu gehen. All das nach einem kurzen Training, ganz entspannt, freiwillig und ohne Angst. Das Pferd lernt, dass es die freie Wahl hat, und es fühlt sich dabei gut und sicher.

Motivation zur Leistung, Motivation durch Leistung

Der US-amerikanische Verhaltens- und Sozialpsychologe David McClelland (1917–1998) erforschte unter anderem den sozialen Wandel und die Evolution von Gesellschaften und fand heraus, dass der Mensch von drei wesentlichen Bedürfnissen angetrieben wird: dem Bedürfnis nach Zugehörigkeit, dem Bedürfnis nach Macht und dem Bedürfnis nach Leistung. Was ein Mensch als Leistung bewertet, ist nach diesem Modell von subjektiven Qualitätskriterien abhängig. Das heißt, es geht nicht in erster Linie darum, wie andere eine Leistung bewerten und was daraus erfolgt – zum

Beispiel Lob, Belohnung, Anerkennung –, sondern was der Einzelne dabei fühlt – zum Beispiel Zufriedenheit, Stolz, Freude. Leistungserbringung motiviert also intrinsisch. Das Gefühl eigener Tüchtigkeit und etwas heute besser zu können als am Tag zuvor, ist Ausdruck einer starken, positiven Leistungsmotivation.

Ein wesentliches Merkmal von höchst effektivem, leistungsmotiviertem Handeln ist das Flow-Erlebnis. Der Psychologe Mihaly Csikszentmihalyi (geb. 1934), emeritierter Professor für Psychologie an der University of Chicago, hat das Erlebnis des „Fließens" in den 1970er-Jahren intensiv erforscht und folgende charakteristische Merkmale für den „Flow" herausgearbeitet: Die Aktivität hat eindeutige Ziele, es kommt zu einer unmittelbaren Rückmeldung und die Zielsetzung der Tätigkeit liegt in ihr selbst. Der Mensch, der im Flow ist, kann sich auf sein Tun vollkommen konzentrieren. Anforderung und Fähigkeiten stehen in einem ausgewogenen Verhältnis zueinander, das heißt, man ist weder gelangweilt noch überfordert, hat die Kontrolle über die Abläufe und die Tätigkeit geht einem mühelos von der Hand. Flow-Erlebnisse verändern das Gefühl für Zeitabläufe, die Handlung und das Bewusstsein verschmelzen. Das Flow-Erleben wirkt sich auch auf körperliche Funktionen wie Herzschlag, Blutdruck und Atmung positiv aus.

Csikszentmihalyi war nicht der Erste, der sich mit diesem Erleben befasst hat. Der Pädagoge Kurt Martin Hahn (1886–1974), der als einer der Begründer der Erlebnispädagogik gilt, sprach bereits 1908 von „schöpferischer Leidenschaft". Auch die Montessori-Pädagogik beruht mit der „Polarisation der Aufmerksamkeit" auf diesem Prinzip, das besagt, dass die Kinder selbstvergessen und spielerisch mit Farben, Formen und Materialien umgehen und sie in diesem Zustand nicht gestört werden sollen.

Die weitere Erforschung der Leistungsmotivation durch andere Wissenschaftler führte zu verschiedenen Modellen bis hin zu Formeln, um die Leistungsmotivation messbar zu machen. Eine wichtige Aussage im Zuge dieser Forschungen: Welche Strategie jemand wählt, um sich ein Erfolgserlebnis zu verschaffen, kann von Person zu Person sehr unterschiedlich sein. Während der eine eine besonders schwierige Aufgabe als Anreiz braucht, um ausreichend „leistungsmotiviert" zu sein, besteht der Anreiz für den anderen vor allem darin, einen Misserfolg zu vermeiden.

Die Haltung zu Leistung an sich und die Herangehensweise an Aufgaben ist abhängig vom Leistungswillen und der Leistungsbereitschaft des Einzelnen, wobei diese Haltung von vielen Faktoren beeinflusst wird, zum Beispiel von den Erfahrungen in der Vergangenheit oder vom Selbstwertgefühl. Besonders leistungsmotivierte Menschen erkennt man daran, dass sie eine Bereitschaft zu kalkuliertem Risiko zeigen und ständig daran arbeiten, effizienter zu werden, also Abläufe verbessern wollen, damit Ergebnisse besser, schneller und mit geringerem Aufwand erzielt werden können. Das Leistungsmotiv ist also ein Streben nach Effizienz, nach Optimierung von Handlungsabläufen. Gesamtgesellschaftlich betrachtet ist das Leistungsmotiv ein wichtiger Antrieb für unternehmerisches Handeln und je leistungsorientierter eine Gesellschaft ist, umso stärker ermuntert sie ihre Mitglieder zu unternehmerischem Denken und Handeln.

In diesem Zusammenhang lohnt sich ein Blick auf den Soziologen und Nationalökonomen Max Weber (1864–1920) und seine Erkenntnisse zur Entstehung des Kapitalismus in Nordamerika und Westeuropa. Er sah den Protestantismus bzw. die protestantische Ethik als ideale Voraussetzung für die modernen Rationalisierungsprozesse. Für die Protestanten war nicht mehr die Ausrichtung auf das Jenseits entscheidend, sondern die Erfüllung der Pflichten im täglichen Leben, der tägliche Dienst zu Ehren Gottes. „Arbeit statt Askese" könnte man verkürzt sagen. Reichtum war erstrebenswert, sofern er investiert wurde und nicht den Müßiggang finanzierte. Gott diente, wer seine Arbeit effizient erledigte. Unternehmer wie Arbeiter eigneten sich diese Leistungsethik mehr und mehr an und der religiöse Aspekt trat dabei zunehmend in den Hintergrund, und bis heute wirkt die Webersche Leistungsethik in unserer Sicht von Arbeit und Sinnstiftung nach.

Das Postulat von Arbeit als sinnstiftendem Element im menschlichen Leben gilt weiterhin, wenngleich sich sowohl die Arbeitswelt wie auch die Haltung des Einzelnen zu Arbeit, Sinn und dem Stellenwert beider im menschlichen Leben verändern. Doch wie immer sich unsere Gesellschaft, unsere Wirtschaft, die Arbeitswelt und das soziale Gefüge auch entwickeln: Der Motivation *zur* Leistung und der Motivation *durch* Leistung kommt in jedem Fall eine unglaublich große Bedeutung zu. Denn wir brauchen Menschen, die die Veränderung gestalten, die die Chancen erkennen, die in diesen Veränderungen stecken, und die kreativ und lustvoll an völlig neue Aufgaben herangehen – aus innerem Antrieb, aus Neugier und dem Bedürfnis, in dem, was sie tun, aufzugehen.

Das Leben meistern – die Individualpsychologie

Der Wiener Arzt und Psychotherapeut Alfred Adler (1870–1937) entwickelte Anfang des 20. Jahrhunderts eine von der Triebtheorie Freuds komplett abweichende Lehre. Für ihn war der Mensch ein freies Wesen, das die Herausforderungen des Lebens meistern muss. Die von Adler begründete Individualpsychologie betrachtet jeden Menschen als einzigartiges Individuum, das in seiner Ganzheit gesehen werden muss. Körperliche und seelische Vorgänge wirken immer gemeinsam. Die Individualpsychologie geht davon aus, dass jeder Mensch Minderwertigkeitsgefühle hat, die zu überwinden das Grundmotiv für seine Handlungen ist. Die gesteigerte Form des Minderwertigkeitsgefühls ist der Minderwertigkeitskomplex. Der Aufbau eines gesunden Selbstwertgefühls ist davon abhängig, wie gut es einem Menschen gelingt, im Laufe seiner Entwicklung seine „Minderwertigkeit" immer wieder aufs Neue zu überwinden, indem er Werte und Moralvorstellungen entwickelt, sich als soziales Wesen weiterentwickelt, Beziehungen zu anderen eingeht und das Gefühl der Unvollkommenheit immer wieder in ein Streben auf ein Ziel hin verwandeln kann. Man könnte auch sagen: in den Willen zur Vollkommenheit.

Im Jahr 1933 verfasste Alfred Adler sein Werk „Der Sinn des Lebens". Dieser „Sinn" hatte für Adler zwei Bedeutungen. Er verstand darunter jenen Sinn, denn ein Mensch in seinem Leben sucht bzw. findet und der mit seiner Sicht von sich, seinem Umfeld und der Welt insgesamt zu tun hat. Die zweite Bedeutung ist der „wahre" Sinn des Lebens in einem universellen Zusammenhang, der außerhalb unserer Erfahrung im Bezugssystem Mensch–Kosmos liegt. Der Sinn des Lebens ist demnach die Entwicklung, die in einem philosophischen Sinn zu einer idealen Gemeinschaft in der Zukunft führt.

Der Wille zum Sinn: Viktor E. Frankl und die Logotherapie

Für Viktor E. Frankl (1905–1997) war die Sinnfrage das zentrale Thema seines Lebens. Die von ihm begründete Logotherapie (logos, griech.: der Sinn) bzw. Existenzanalyse beschäftigt sich mit der Bedeutung des Sinns im Leben. Frankl, der sich schon in jungen Jahren mit der Frage nach dem Sinn des Lebens beschäftigte, arbeitete als Arzt in Wien, bevor er 1942 nach Theresienstadt deportiert wurde und später nach Auschwitz und in ein Außenlager von Dachau kam. Seine ganze Familie kam im KZ um. Er selbst wurde nach Kriegsende von der US-Armee befreit und ging wieder nach Wien, wo er seine Forschungen fortsetzte. Von 1946 bis 1971 war er Vorstand der Wiener Neurologischen Poliklinik.

Das Lebensmotto Viktor E. Frankls ist auch der Titel eines seiner bekanntesten Bücher: „… trotzdem Ja zum Leben sagen. Ein Psychologe erlebt das Konzentrationslager". Er hatte seine Philosophie angesichts des Todes selbst auf die Probe gestellt und erkannt, dass sie auch unter solch extremen Bedingungen Wirkungen zeigte. Dieser Mann, der in der Zeit des Nationalsozialismus so viel Leid erlebt und seine ganze Familie verloren hatte, war der Ansicht, dass in erster Linie Versöhnung den Weg aus der Katastrophe des Krieges und des Holocaust weisen konnte.

Es gibt nichts in der Welt, was so sehr imstande wäre, einem Menschen über innere Beschwerden oder über äußere Schwierigkeiten hinwegzuhelfen, wie das Wissen um eine spezifische Aufgabe, das Wissen um einen ganz konkreten Sinn, nicht im Großen seines Lebens, sondern im Hier und Jetzt, in der konkreten Situation, in der er sich befindet.

Viktor E. Frankl

Frankl erkannte das Bedürfnis nach Sinn als das Grundmotivation des Menschen. Für Frankl gibt es keine allgemeingültige Antwort auf die Frage nach dem Sinn. Diese sieht für jeden Menschen anders aus, sie ergibt sich aus dem Schicksal, das sich für jeden Menschen anders und einzigartig gestaltet. Er spricht von drei Wegen, eine sinnvolle Erfüllung im Leben zu finden:

1. eine Tat zu vollbringen oder etwas zu erschaffen.
2. jemanden oder etwas zu lieben.
3. eine tragische Situation in einen Triumph zu verwandeln; das gilt besonders dann, wenn man die Ursache dafür nicht ändern kann.

Steht einem Menschen, aus welchem Grund auch immer, keiner dieser drei Wege zur Verfügung, kann er nicht motiviert werden oder sich selbst motivieren.

Viktor E. Frankl reduzierte den Menschen nicht auf seine körperliche und seelische bzw. psychische Ebene, sondern für ihn stand die existenzielle, geistige Dimension im Vordergrund. Für ihn war der Mensch ein Wesen, das bedingungslos nach Sinn sucht, das den Willen zum Sinn in sich trägt, solange es lebt. Der Wille zum Sinn kann nicht verordnet werden, doch wenn der Mensch den Sinn aufleuchten sieht, kann es dem Willen überlassen werden, den Sinn zu wollen. Wo nichts aufleuchtet, weil es zum Beispiel einer Führungskraft nicht gelingt, eine Vision und Ziele zu vermitteln, wird der Wille zum Sinn keine geeigneten Inhalte finden, Lustprinzip oder Machtprinzip werden die stärkeren Motivatoren sein –

was zu „Dienst nach Vorschrift" auf der einen Seite führen könnte oder zu Intrigen und Machtspielchen auf der anderen Seite.

Das Besondere an Frankls Sinnkonzept ist, dass es ein positives Arbeitsklima fördert und die Motivation stärkt. Nicht die Selbstverwirklichung, nicht die Ich-bezogene Selbstdarstellung steht im Vordergrund, sondern die Sinnverwirklichung, die ein größeres Ganzes umfasst, eine Aufgabe und entsprechende Ziele. Stimmen die Rahmenbedingungen wie zum Beispiel Organisation, Kommunikation und Informationskultur in einem Unternehmen, weil sie auf Basis gemeinsam erarbeiteter Werte entwickelt wurden, müssen Mitarbeiter nicht extra „motiviert" werden, sie sind es aus sich heraus. Selbst schwierige Arbeitsbedingungen werden erträglich, wenn die Arbeit als sinnvoll empfunden wird. Und ein ganz wichtiger Punkt, der auch in unserer Philosophie des erfolgreichen Wegs eine Rolle spielt: Eine Veränderung unserer Einstellung zu Negativem, zu Problemen und Krisen ist der erste Schritt zu deren Bewältigung. Und wer das Positive in allem erkennt, kann Unglaubliches bewirken, indem er dieses Positive ausschöpft. Dies gilt für die Selbstmotivation ebenso wie für die Motivation anderer.

Für Viktor E. Frankl bestand der Sinn des Lebens darin, anderen zu helfen, einen Sinn im Leben zu finden. Er wollte den Menschen einen Nutzen bringen, weil der Mensch für ihn das Wertvollste war. Auf dieser Erkenntnis beruht auch unsere Philosophie und in persönlichen Begegnungen und Gesprächen mit Viktor E. Frankl konnten wir die Gemeinsamkeiten unserer Methoden immer wieder hervorheben. Uns geht es nicht um die Lust am Erfolg oder an der Macht, die mit Erfolg verbunden sein könnte. Fragen Sie sich immer wieder: Welchen Sinn kann es für mich und andere haben, wenn ich erfolgreich bin? Mit dieser Frage haben Sie schon einen wichtigen Schritt in Richtung positive Selbstmotivation und Motivation anderer getan.

Der Glaube an die eigene Kompetenz

Ein wichtiger Motivator ist der Glaube an die eigenen Fähigkeiten bzw. die eigene Erwartung, dass man aufgrund der eigenen Kompetenz gewünschte Handlungen erfolgreich ausführen kann. Das Vertrauen in die eigenen Wirkungsmöglichkeiten und die Gewissheit, selbst in schwierigen Situationen autonom handeln zu können, ist verbunden mit der Annahme, als einzelner Mensch Einfluss auf das Geschehen, die Dinge und die Welt nehmen zu können. Die Wissenschaft bezeichnet diesen Glauben als Selbstwirksamkeitserwartung. Menschen mit hoher Selbstwirksamkeitserwartung sehen sich selbst am Steuer ihres Lebensschiffes, während Menschen mit geringer Selbstwirksamkeitserwartung ihre Erfolge, Misserfolge und Erfahrungen eher dem Zufall, dem Glück, dem Pech und anderen Einflüssen zurechnen. Menschen mit hoher Selbstwirksamkeitserwartung sind widerstandsfähiger gegenüber Krisen und haben ein geringeres Risiko, an Depressionen oder Angststörungen zu erkranken. Der kanadische Psychologie Albert Bandura (geb. 1925) hat das Konzept der Selbstwirksamkeitserwartung in den 1980er-Jahren entwickelt und dabei vier Quellen identifiziert, die diese Erwartungshaltung beeinflussen:

1. Die wiederholte Meisterung von schwierigen Situationen und damit eine höhere Frustrationstoleranz
2. Die Beobachtung von Vorbildern und die Beeinflussung durch das Vorbild, je mehr, je ähnlicher es einem selbst ist
3. Die Unterstützung durch das soziale Umfeld, das einem etwas zutraut, weshalb man motiviert wird, sich mehr anzustrengen
4. Körperliche Reaktionen wie Herzklopfen, Schweißhände und Übelkeit abbauen zu können, was Menschen hilft, Stresssituationen besser zu meistern

Die Selbstwirksamkeitserwartung entwickelt sich über die einzelnen Lebensphasen hinweg von Mensch zu Mensch unterschiedlich und wird sowohl vom Alter als auch von den Umfeldbedingungen beeinflusst, in denen ein Mensch aufwächst und lebt. Im Zusammenhang mit Motivation ist dieses Konzept insofern sehr interessant, als es hilft, Verhaltensweisen von Menschen besser zu verstehen und Ansätze für mögliche positive Motivation zu finden. So wirken beispielsweise einige der 33 Motivationskiller, die wir im vorigen Kapitel beschrieben haben, dort besonders stark, wo sie Menschen mit geringer Selbstwirksamkeitserwartung betreffen, wie zum Beispiel Mobbingopfer, die sich ihrem Schicksal fügen statt sich zu wehren, oder Menschen, die immer wieder zulassen, dass sie ungerechtfertigt kritisiert oder unfair behandelt werden.

Die fünf Facetten des Wohlbefindens

Amerikanische Wissenschaftler erforschen seit gut zwei Jahrzehnten, was uns auf Dauer glücklich macht. Einer der weltweit führenden Forscher im Bereich der positiven Psychologie ist Professor Martin E. P. Seligman von der University of Pennsylvania.

Abbildung 2:   Dr. Claudia E. Enkelmann und Prof. Martin E. P. Seligman

Als ehemaliger Präsident der American Psychological Association sowie als Begründer und Pionier der positiven Psychologie ist er aktuell der wohl einflussreichste psychologische Vordenker Amerikas. Seligman wurde zunächst bekannt für seine Arbeit an der Idee der „erlernten Hilflosigkeit", der Erforschung der Ursache von Depression und der Rolle optimistischer und pessimistischer Gedanken für das Wohlergehen. Keiner weiß so viel über Optimismus, Depression und erlernte Hilflosigkeit wie er. Unermüdlich sucht er nach dem, was ein erfülltes Leben ausmacht, und er hat dazu ein spannendes Buch geschrieben. Der Titel: „Flourish" – Erblühen. Und das bringt es schon auf den Punkt. Es geht um die Entfaltung, das Aufblühen der eigenen Persönlichkeit. Professor Seligman bestätigt darin all das, was das Enkelmann-Erfolgssystem seit über 40 Jahren lehrt.

Aus seinen langjährigen Forschungserfahrungen hat Martin Seligman seine erweiterte Theorie des „Well-Being" entwickelt. Im Grunde genommen hat er dabei ein Motivationsmodell beschrieben, denn er identifiziert fünf Faktoren, die unser Handeln primär motivieren bzw. die wir um ihrer selbst willen anstreben. Die fünf Facetten des Wohlbefindens, also jene Zutaten, die wir alle vom Leben wollen, sind demnach: positive Gefühle, Engagement, Sinn, Beziehungen und Erfolge.

Positive Gefühle wie Lebensfreude, Glück und Zufriedenheit sind Grundpfeiler des guten Lebens. Ein Mehr an positiven Gefühlen bedeutet auch ein Mehr an Lebensfreude. Wichtig hierfür sind die Art und Weise, wie wir unsere Gedanken und Ereignisse interpretieren. Seligman führt dabei eine Reihe von wissenschaftlichen Belegen an, dass Optimismus einer der stärksten Schutzfaktoren bei Herz-Kreislauf-Erkrankungen ist und ein langes Leben gewährleistet.

Engagement ist in seiner höchsten Qualität am besten beschrieben, wenn wir völlig in einer Tätigkeit aufgehen, so absorbiert sind, dass wir alles andere um uns herum vergessen. Diese absolute Konzentration führt zum sogenannten „Flow"-Zustand. Es sind solche Momente, die immer auch mit Wachstum und Kompetenzsteigerung einhergehen. Je besser ein Mensch sich kennt, je genauer jemand weiß, bei welchen Gelegenheiten und Tätigkeiten er sich selbst vergisst, um so erfüllter wird sich der Mensch erleben.

Das Streben nach **Sinn** bezieht sich sowohl auf die eigene Ausrichtung des Lebens als auch darauf, wie wir die Herausforderungen des Lebens interpretieren. Dabei kann es das Gefühl sein, einer Aufgabe zu dienen oder an etwas zu glauben, das größer und bedeutender als das eigene Ego ist. Hier zeigt sich ganz deutlich der Wunsch nach Inhalten, die dem Leben eine echte Bedeutung geben und das Gefühl der Sinnlosigkeit nehmen. Dies zeigt sich ganz deutlich durch eine tiefe Hingabe zu Menschen, Aufgaben oder Prinzipien.

Schon seit langem wissen die Forscher, wie wichtig **Beziehungen** zu anderen Menschen sind. Ob nun menschliche Nähe, gute Kontakte oder das Gefühl, nicht allein zu sein: Alles, was die Qualität unserer Beziehungen verbessert, verbessert auch die Lebensqualität entscheidend.

Faszinierend bei Seligmans Konzept ist, dass er als einer der ersten Psychologen überhaupt erkannt hat, wie wichtig Erfolg für ein erfülltes Leben ist. Meisterschaft, Leistung und **Erfolge** streben wir an, weil sie in uns eine Reihe von guten Gefühlen erzeugen. Gefühle von Stolz und Kompetenz, von Freude, Euphorie und Lebenskraft. Ohne Erfolge ist demnach ein erfülltes Leben nicht möglich.

In den letzten Jahren bekam Professor Seligman die Gelegenheit, angewandte positive Psychologie dem amerikanischen Militär zu vermitteln. Aktuell sollen 1,3 Millionen Militärangehörige von diesem Wissen profitieren. Gerade bei Angehörigen des Militärs ist es enorm wichtig, die psychologische Resilienz, also die Belastbarkeit und Widerstandsfähigkeit zu entwickeln, um sogenannte posttraumatische Belastungsstörungen zu verhindern. Genau für diesen Zweck hat Martin Seligman mit einem Team von Forschern ein bahnbrechendes Programm entwickelt, das zur Zeit weltweit geschult wird. Das Programm besteht aus drei Basiselementen. Da geht es zunächst um mentale Stärke und Optimismus. Im zweiten Element geht es um die Fähigkeit, eigene Stärken und Ressourcen zu entdecken, und schließlich um die Verbesserung zwischenmenschlicher Fähigkeiten und sowohl beruflicher als auch privater Beziehungen.

Professor Seligman ist davon überzeugt, dass wir unsere Stärken kennen müssen, denn diese sind es, die uns helfen, auf Dauer stark und glücklich zu leben. Folgende 24 persönliche Stärken hat Seligman identifiziert:

1. Kreativität	2. Neugier	3. Urteilsvermögen
4. Liebe zum Lernen	5. Weisheit	6. Authentizität
7. Tapferkeit	8. Durchhaltekraft	9. Enthusiasmus
10. Freundlichkeit	11. Bindungsfähigkeit	12. Soziale Intelligenz
13. Teamfähigkeit	14. Fairness	15. Führungsvermögen
16. Vergebungsbereitschaft	17. Bescheidenheit	18. Selbstregulation
19. Vorsicht	20. Schönheitssinn	21. Dankbarkeit
22. Optimismus/ Hoffnung	23. Spiritualität	24. Humor

In den letzten 150 Jahren war die grundlegende Annahme der Psychologie, dass wir Gefangene unserer Vergangenheit seien, also durch die Erlebnisse in unserer Vergangenheit gelenkt werden. Zunehmend bestätigt sich jedoch, dass wir stärker von unseren Zukunftsvorstellungen beeinflusst werden als bisher angenommen. Martin Seligman appelliert an die Menschen, sich mehr mit ihrer Zukunft zu beschäftigen und die Lebenszeit zu nutzen, um aus sich und ihrem Leben das Beste zu machen. Seligmans Theorie bestätigt die Wirksamkeit des bewährten Enkelmann-Erfolgssystems. Mit der Philosophie des erfolgreichen Wegs sind Sie also auf dem richtigen Weg.

Motivation – Menschen – Macher: das Erfolgsgeheimnis der DVAG

19. September 2005, gut zwölf Seemeilen vor der Küste Maltas. Aus unterschiedlichen Richtungen des Mittelmeeres kommend vereinen sich drei imposante Kreuzfahrtschiffe zu einer Flotte. Zum ersten Mal in der Geschichte der AIDA-Clubschiffe treffen sich AIDAcara, AIDAaura und AIDAvita zu diesem einmaligen Manöver auf hoher See. Gemeinsam gestalten annähernd 4.000 DVAGler auf der AIDA-Flotte das Treffen und die Einfahrt im Hafen zu einem noch nie da gewesenen Highlight, um dann drei Jahrzehnte Erfolg der Deutschen Vermögensberatung im Hafen der Inselhauptstadt Valletta zu feiern. Wer auf dieser Reise und an diesem Tag dabei ist, spürt, was es heißt, Mitglied dieser Gemeinschaft zu sein. Mehr noch: Auch jene, die nicht dabei sein können, sind beim Vorführen der Bilder, bei den Erzählungen der Teilnehmer und deren Videos mitgerissen und begeistert, in einem Unternehmen tätig zu sein, wo so etwas möglich ist.

Dieses einzigartige Zusammentreffen wurde durch Prof. Dr. Reinfried Pohl und seine Familie ermöglicht, die die drei Schiffe aus Anlass eines Wettbewerbs und des 30-jährigen Jubiläums der Deutschen Vermögensberatung gechartert hatten. Dr. Reinfried Pohl hat 1975 im Alter von 47 Jahren einen kleinen Finanzbetrieb mit 35 Vermögensberatern und zwei Mitarbeitern im Innendienst gegründet. Heute betreuen mehr als 37.000 Vermögensberater der DVAG in über 3.100 Geschäftsstellen mehr als 5,5 Millionen Kunden. Mit dem Allfinanz-Konzept hat Prof. Dr. Pohl die Angebotsphilosophie einer ganzen Branche beeinflusst und er hat ein ganz neues Berufsbild entwickelt: den Vermögensberater. Sieht man die Schiffe als Metapher für den Erfolg der DVAG und gibt ihnen die Namen „Motivation", „Mitarbeiter" und „Macher", wird die einzigartige Erfolgsgeschichte der Deutschen Vermögensberatung verständlich. Genau so wie sich diese drei Kreuzfahrtschiffe vor Malta zu einer Flotte vereint hatten, bilden Motivation, die Mitarbeiter und die Macher eine Gemeinschaft, ein Erfolgskonzept der besonderen Art.

Motivation

Dieser Event war nur eine Reise von vielen, die jedes Jahr durchgeführt werden. Jedes Jahr gehen über 10.000 Beraterinnen und Berater der DVAG auf große Fahrt und genießen den Aufenthalt auf dem Schiff oder in einer der vielen Begegnungsstätten in Österreich, Portugal, Amerika und natürlich auch in Deutschland. Auf die besonders Fleißigen wartet sogar eine eigene Villa in Portugal, die sie exklusiv mit ihrer Familie nutzen können.

Auf den gemeinsamen Reisen und bei den Aufenthalten in den Begegnungsstätten wird die in den einzelnen Direktionen und Geschäftsstellen vermittelte Einstellung wie Zusammengehörigkeitsgefühl, Gemeinschaftsgeist und das Besondere der beruflichen Familiengemeinschaft gelebt. Und zwar meist zusammen mit der Lebenspartnerin oder dem Lebenspartner, oft auch mit der ganzen Familie. Wunderschöne Stunden, herrliche Erlebnisse, aber vor allem auch Erfahrungsaustausch untereinander stehen auf dem Programm. Das ist, so die einhellige Meinung der Teilnehmerinnen und Teilnehmer, Motivation pur.

„Motivation ist für mich die Kunst, Menschen zu bewegen, sich selbst zu bewegen. Und das, ohne sie negativ manipulieren zu wollen. Und ohne Motivation geht es nicht, davon bin ich überzeugt", so Günter Butter, seit 1976 mit dabei und einer der erfolgreichsten Direktionsleiter der DVAG, mit dem wir über die Erfolgsgeheimnisse der DVAG sprechen. „Haben Sie auch schon mal an einem Sonntagvormittag auf der Couch gechillt? Eigentlich wollten Sie ja ein gutes Buch lesen? Mit Ihrer Lebensabschnittsgefährtin spazieren gehen? Sie wollten den Weinkeller neu sortieren? Ein Saunagang täte Ihnen auch gut? Und dann ist da noch ein Waldfest, bei dem Musik und Gegrilltes auf Sie wartet. Aber: Sie bleiben liegen. Irgendetwas hält Sie auf der Couch fest. Was hier fehlt, ist der innere oder äußere Schubs, der Ihnen sagt: Los geht's! Oder anders ausgedrückt, das erste newtonsche Gesetz wird wirksam: ‚Ein Körper, auf den keine äußeren Kräfte wirken, verharrt in absoluter Ruhe oder gleichförmiger Bewegung'", schildert Günter Butter sehr anschaulich, worum es bei Motivation in erster Linie geht. Die Kräfte, die von außen oder von innen auf uns wirken, nennen wir Motivation. Und Unternehmen, die außergewöhnliche Erfolge haben, sind immer solche, wo es davon genug gibt.

Günter Butter weiß, „Motive vielfältiger Art sind notwendig, um die individuellen Ansprüche des Einzelnen zu verstärken. Die richtigen Motive, wir können sie auch Ziele nennen, sind wichtig. So wie auch die AIDA ohne klares Ziel niemals den richtigen Hafen finden würde, braucht jeder Mensch etwas, das ihn anzieht, ihm Kraft gibt, Widerstände zu überwinden, und etwas, auf das er sich freuen kann."

Auch aufrechte Anerkennung ist für den Einzelnen Motivation pur. Diese Anerkennung zeigt sich nicht nur in Form von Reisen, sondern auch durch Berichte und Fotos in Mitarbeiterzeitungen, in denen sich der Einzelne wiederfindet, und Anerkennung kann auch in Geldzuwendungen für besondere Leistungen ausgedrückt werden. Nur wer schon einmal live erlebt hat, wie ein junger Vermögensberater, der lange gekämpft hat, um an die Spitze zu kommen, auf der Bühne zusammen mit seiner Lebenspartnerin einen Pokal aus der Hand des Firmengründers bekommt, versteht, was Motivation, Begeisterung und Anerkennung, auch bei den Zuschauern, bewirken.

Übrigens ist das kein Privileg von Finanzdienstleistern. Jeder Sportler kennt das Gefühl, wenn er auf dem Treppchen steht, weil er besser als andere war. Und alle kennen die Momente, in denen vielleicht sogar die Tränen kullern, weil man der Beste ist, die Hymne erklingt und tausende von wertschätzenden Zuschauern Anerkennung geben. „All jenen, die auf ihren Vorträgen oder in Büchern glauben machen, dass Motivation nicht notwendig sei, sollte man das Honorar und den Beifall verwehren, dann könnten sie praktisch nachvollziehen, wie unsinnig oder unvollständig ihre Ausführungen sind", davon ist Günter Butter überzeugt.

In der DVAG spielt aber nicht nur die Motivation der Vermögensberater und -beraterinnen eine wichtige Rolle, sondern die ganze Familie wird mit einbezogen. Es gibt einen Familienabsicherungsplan, der im Fall der Fälle greift und der Familie finanzielle Sicherheit gibt. Und so wie ein Hafen Sicherheit für ein Schiff gibt, hat die Deutsche Vermögensberatung ein Netz mit vielfältigen, für Selbständige sehr ungewöhnlichen, Leistungen gespannt. Das gibt Sicherheit für jeden aktiven Vermögensberater. Dazu gehört auch ein Versorgungswerk, das die Altersversorgung ergänzt, und eine Unterstützungskasse, die beispielsweise durch einen Unfall in Schieflage geratenen Kolleginnen und Kollegen Hilfe bietet.

Eine der ungewöhnlichen, aber außerordentlich wichtigen Ideen von Prof. Dr. Pohl und seinen Söhnen ist ein Gesundheitscheck, der von besonders qualifizierten Ärzten kostenlos schon bei tausenden von Vermögensberaterinnen und Vermögensberatern durchgeführt wurde. Bei manchen sogar lebensrettend, weil gerade noch rechtzeitig entstehende schwere Krankheiten diagnostiziert und dadurch behandelt werden konnten.

Sein Leben selbst zu gestalten, in einer großartigen Gemeinschaft, mit einem besonderen Karriere- und Provisionssystem, ohne die üblichen Risiken eines Selbständigen, das klingt wie ein Leben im Schlaraffenland. „Ich weiß, dass Außenstehende das nur schwer nachvollziehen können. Aber keine Sorge, hier kommt die ungeschminkte Wahrheit! Wir leben *nicht* im Schlaraffenland. Und ganz ehrlich, das ist gut so. Denn dort sollen die gebratenen Tauben herumfliegen, man muss nichts tun, alles geht von selbst. Für mich und alle leistungswilligen Menschen eine Zumutung. Davon abgesehen, dass man faul und träge wird, wenn einem alles nur so zufliegen würde, es macht einfach keinen Spaß", bringt Günter Butter seine Leistungsorientierung zum Ausdruck. „Dass wir uns nicht falsch verstehen: Ab und zu rumhängen oder chillen, wie man das heute nennt, und sich bedienen lassen, ist schon schön. Aber auf Dauer? Immer? Ein Leben lang?" „Ohne Leistung keine Glücksgefühle", so sagen kluge Wissenschaftler, die sich viele Jahre damit beschäftigt haben. Und Leistung muss sein, sonst funktioniert kein System auf Dauer.

Motivation ist nicht alles. Motivation ist jedoch ein ganz entscheidender Baustein auf dem Weg zum dauerhaften Erfolg. So wie zu einer Flotte mehr als ein Schiff gehört, sind weitere Bausteine notwendig. Zum Beispiel auch Wissen, das durch intensives Training zum Können wird. Die Zeit, in der wir leben, erfordert ein immens großes Spektrum von Wissen, um die immer komplexer werdenden Anforderungen erfüllen zu können. Die anspruchsvolle Aus- und Weiterbildung der DVAG wird in regelmäßigen Meetings und Seminaren vermittelt und mit Praktikern, die selbst aktiv tätig sind, trainiert.

Mitarbeiter

Die Veränderungsgeschwindigkeit auf dem Markt wird immer schneller, die Anforderungen größer und die Ansprüche der Kunden immer gewaltiger. Das Auf und Ab, die allgemeinen Widrigkeiten des Lebens müssen Tag für Tag bewältigt werden. Ohne Motivation ist es schwer, vielleicht sogar unmöglich, gesund und dauerhaft erfolgreich das Leben zu genießen. Hierfür braucht man Mitarbeiter, die bereit sind, ständig dazuzulernen und sich selbst immer wieder mit neuen Themen, Techniken und Situationen auseinanderzusetzen.

Warum gibt es bei der DVAG mehr motivierte und begeisterte Menschen als anderswo? Was macht das Unternehmen so optimistisch, dass es trotz jahrzehntelanger Erfolge weiter vorangehen wird? Was bindet wertvolle Mitarbeiter an das Unternehmen? Zum einen ist es die konsequente und kompromisslose Umsetzung der Idee des Gründers, der auf risikobehaftete Produkte des grauen Kapitalmarktes immer verzichtet hat. Prof. Dr. Pohl hat mit seiner viel zu früh verstorbenen Frau von Anfang an dafür gesorgt, dass im Mittelpunkt seines Schaffens der Kunde und nicht die Produkte der Gesellschaft oder die Provisionsinteressen des Beraters stehen.

Die Bindung an das Unternehmen und den ausbildenden „Chef", bei der DVAG „Betreuer" genannt, ist unglaublich wichtig. Schon ganz zu Beginn der Karriere ist die Ausbildung darauf ausgerichtet, eine persönliche Verbindung zu dem neuen Partner herzustellen, ihn in die Gemeinschaft zu integrieren. Viele persönliche Treffen, Meetings und Seminare helfen, dass sich jeder schnell als Teil der Gemeinschaft fühlen kann. Je komplexer unsere Welt wird, umso wichtiger ist die Beratung von Mensch zu Mensch. Internet wird viele Berufsgruppen verändern. Die DAVG nutzt das Medium sehr aktiv und sie sieht darin keine Gefahr, vor der man Angst haben müsste, wie man sich bei einem Blick auf die Unternehmenswebsite (www.dvag.com) überzeugen kann.

Das zusammen macht die Mitarbeiter stolz, selbstbewusst und leistungsbereit. Und ein hohes, aber verdientes Einkommen sorgt für Zufriedenheit. Die Aufgabe an sich macht Spaß, bringt oft Begeisterung, auch wenn es manchmal anstrengend ist. Denn wenn es darauf ankommt, ist der Vermögensberater auch abends, am Wochenende und wann immer er oder sie gebraucht wird für den Kunden da.

Was sind das für Menschen, die oft schon seit Jahrzehnten mit Leidenschaft und Herzblut das Unternehmen voranbringen helfen? Es sind großartige und leistungswillige Menschen, die es „cool" finden, optimistisch durchs Leben zu gehen. Sie nehmen Herausforderungen als Chance und helfen sich, wo immer es geht, gegenseitig. Sie vereint ein großes Ziel: den Abstand zu allen anderen noch größer zu machen und besser als andere dem Kunden und Mitarbeiter zu helfen.

Natürlich sind nicht alle gleichermaßen auf Ziellinie. Es gibt wie überall Stars, Erfolgreiche und Mitläufer, die weniger tun. Aber jeder entscheidet selbst, zu welcher Gruppe er gehören will. Und jeder Tag ist ein neuer Anfang, bei dem es viele Wege zum Neustart gibt. Jeder, der wirklich will, kann bei der Deutschen Vermögensberatung außerordentlich erfolgreich sein.

Macher

Abbildung 3: **Prof. Dr. Reinfried Pohl und seine Söhne Reinfried und Andreas**

Die Deutsche Vermögensberatung ist seit langem die Benchmark in der Branche und hat es wie kein anderes Unternehmen der Finanzbranche verstanden, Menschen zu motivieren und zu mobilisieren. Keine leichte Aufgabe. Als Prof. Dr. Pohl das Unternehmen gegründet hatte, war der Markt „eigentlich" unter den Banken, Versicherungen und Bausparkassen aufgeteilt. Da war kein Platz für einen neuen Wettbewerber. Aber die Idee, Bank-, Versicherungs- und Bausparleistungen und später auch noch Investment aus einem Kopf zu bieten, war der zündende Faktor für ein unglaubliches Erfolgsprojekt.

Auch schwere Zeiten wie die der Bankenkrise, Arbeitslosigkeit, Unsicherheit und Angst vor Inflation hat das Unternehmen besser überstanden als andere. Die meisten, die das Modell Deutsche Vermögensberatung zu kopieren versucht haben, sind auf der Strecke geblieben. Oder noch schlimmer, unter die Fittiche ausländischer Investoren gekommen, die sie jahrelang im Markt bekämpft hatten. Kopieren, so einer der Sprüche des Firmengründers, heißt eben noch lange nicht kapieren.

Die beiden Söhne des Unternehmensgründers, Reinfried und Andreas Pohl, leiten die Holding in Marburg, direkt neben dem Zentrum für Vermögensberatung, seit vielen Jahren mit viel Geschick im gleichen Geist, wie es der auch im Alter von 83 Jahren noch voll aktive Unternehmensgründer vorgegeben hat.

So wie die Kapitäne der drei AIDA-Kreuzfahrtschiffe aus verschiedenen Richtungen auf ein Ziel zugesteuert sind, so sind die Chefs sich mit den Mitarbeitern der Deutschen Vermögensberatung einig, vor allem wenn es um das Ziel, nämlich immer besser zu werden, geht. Gemeinsam steuern sie mit den besten Lotsen sicher in den Hafen.

„Macher brauchen auch Helfer. Unsere besten Helfer sind unsere Lebenspartner bzw. Lebenspartnerinnen. Ohne sie sind wir nur halb so viel wert", so Günter Butter. „Ob im Sekretariat oder zu Hause, hinter jedem erfolgreichen Mann – das hat sich längst herumgesprochen – steht auch eine erfolgreiche Frau und umgekehrt." Das ist einer der Gründe, warum bei der Deutschen Vermögensberatung der Lebenspartner, so oft es geht, integriert wird. Und der Erfolg gibt dem Unternehmen recht.

Die Persönlichkeit des Vermögensberaters wie auch das Können bei der Beratung muss geschult und trainiert werden. Das wissen die Macher und fördern das Teamspiel, wo immer es sinnvoll ist. In kleinen Gruppen wird beispielsweise anhand exzellenter Arbeitsmittel jedes Produkt, jedes Gesetz und alles, was für eine umfassende Beratung beim Kunden notwendig ist, geschult und trainiert. Die vielen Ideen, die dabei entstehen, werden auf Anwendbarkeit überprüft und an alle weitergegeben.

Günter Butter verriet uns, „auch Großveranstaltungen helfen dabei, Ideen und Konzepte weiterzugeben. Sie ermöglichen den Einsatz der besten Referenten, die es in den jeweiligen Bereichen gibt. Dr. Claudia Enkelmann bestärkt beispielsweise die Lebenspartnerinnen darin, zu lernen, selbst glücklich und zuversichtlich durchs Leben zu gehen". Eine besonders wichtige Aufgabe, weil viele Lebenspartner und Lebenspartnerinnen ihren Partner bei der Arbeit oder beim Aufbau eines eigenen Büros aktiv unterstützen. Sie zeigt, und das ist besonders wichtig, dass die Menschen ihr Energiekonto und das Energiekonto ihrer Partner nicht überziehen dürfen. „Daher gibt es seit dreißig Jahren auch Seminare mit Nikolaus B. Enkelmann, die dabei helfen, die Einstellung und die Entwicklung der Persönlichkeit eines jeden Einzelnen zu optimieren. Mitarbeiterinnen und Mitarbeiter rhetorisch weiterzubringen, mental stark zu werden und zu verstehen, wie Erfolg selbst verursacht werden kann, sind nur einige seiner Themen, in denen er 30.000 Mitarbeiterinnen und Mitarbeiter der DVAG schulte."

Vorbilder aus allen Bereichen gibt es bei der Deutschen Vermögensberatung sehr viele, Unternehmer, die Großartiges geleistet haben und noch immer leisten, und Macher, die all das, was sie lehren, selbst gemacht und gelebt haben. Das gibt Sicherheit, Vertrauen und Zuversicht. Eines der größten Vorbilder ist aber Prof. Dr. Pohl selbst. Sein größtes Erfolgsgeheimnis ist es, jeden Mitarbeiter, mit dem er spricht, um zwei Zentimeter wachsen zu lassen. Nie macht er einen Menschen klein, immer erhöht er sein Gegenüber. Im Gespräch mit ihm hat jeder das Gefühl, für diesen Augenblick der wichtigste und interessanteste Mensch überhaupt zu sein. Diese Philosophie ist Motivation pur und wird in der DVAG auch im Kundenkontakt gepflegt. Die Belohnung dafür sind neben zufriedenen Kunden auch viele Auszeichnungen und Bestnoten für exzellenten Kundenservice.

Günter Butter möchte noch einen wichtigen Punkt hervorheben: „Zum Schluss noch etwas ganz Wesentliches: *Freundschaften*. In unserer Zeit gibt es davon viel zu wenige. Wenn man aber so wie ich seit vielen Jahrzehnten in diesem Unternehmen arbeiten darf, trifft man viele Kollegen, aus denen Freunde werden. Und noch dazu trifft man Persönlichkeiten aus Politik, Wirtschaft, Sport und anderen Bereichen, die man sonst niemals kennenlernen würde. Manchmal gibt es auch besondere Glücksfälle, wo so wie bei mir auch der Bruder einen außergewöhnlich erfolgreichen Weg im Unternehmen geht. Und die Ehefrau, die einem als rechte Hand und Büromanagerin den Rücken freihält. Auch Vater und Sohn, Mutter und Schwester und so weiter sind bei uns zu finden. Einen besseren Beweis für eine funktionierende Berufsgemeinschaft gibt es wohl nicht.“

„Warum mache ich das überhaupt?"

Wer ein Warum zu leben hat, erträgt fast jedes Wie.

Friedrich Nietzsche (1844–1900), dt. Philosoph

Lieben Sie, was Sie tun? Tun Sie, was Sie lieben?

Sicher haben Sie schon die Erfahrung gemacht, dass es Ihnen leicht fällt, Dinge zu tun, die Sie lieben, während es Ihnen viel Mühe bereitet, etwas zu tun, wozu Sie sich zwingen müssen.

- Wer einen Menschen liebt, muss sich nicht zwingen, dem geliebten Menschen die Wünsche von den Augen abzulesen.
- Wer seine Kinder liebt, muss sich nicht zwingen, ihnen die beste Ausbildung zukommen zu lassen und sie nach ihren Begabungen zu fördern.
- Wer seine Arbeit liebt, muss sich nicht dazu zwingen, morgens in die Firma zu fahren.
- Wer seine Kunden liebt, muss sich nicht zum Kundenbesuch zwingen.
- Wer seine Mitarbeiter liebt, muss sich nicht dazu zwingen, das Beste aus ihnen herauszuholen und ihre Potenziale zu fördern.

Wenn Sie ein Motiv haben, sind Sie motiviert. Und es gibt kein besseres Motiv für Erfolg als die Liebe. Liebe ist Motivation pur. Wer jedoch über einen längeren Zeitraum nur unter Zwang tut, was er tun muss – seinen Beruf ausübt, Kunden besucht, mit seinem Partner zusammen ist –, wird krank. Wer keine inneren Motive hat, die ihn „beflügeln", etwas mit Freude zu tun, leidet unter ständiger Demotivation. Diese führt auf Dauer zu Depressionen und kann sogar schwere körperliche Erkrankungen verursachen.

Die Lotto-Frage

Arbeit ist ein wichtiger Teil unseres Lebens. Die meisten Menschen arbeiten, um ihre materielle Existenz zu sichern, doch wenn das das einzige Motiv ist, um jeden Tag in die Firma zu fahren, dann wird die Arbeit auf Dauer nicht befriedigend sein. Vielen Menschen wird die Bedeutung von Arbeit für ihr Leben erst durch deren Verlust deutlich. So führt Arbeitslosigkeit fast immer zu geringer Lebenszufriedenheit, das Selbstwertgefühl wird schwächer und die Gefahr, an Depressionen zu erkranken, nimmt zu. Man kann aber auch bei Rentnern, die ihren Beruf gern ausgeübt haben, oft beobachten, dass sie in der Rente schnell jeden Antrieb verlieren und geistig und körperlich rasch abbauen. Es fehlt die Aufgabe, der Sinn, das Motiv. Daher ist es wichtig, dass man sich auf diesen Lebensabschnitt rechtzeitig vorbereitet und vielleicht sogar nach der Pensionierung in der einen oder anderen Form weiterarbeitet.

Ein passives Leben ohne Aufgabe ist hohl und leer. Natürlich bedeutet Arbeit auch Mühe, Last und Energieaufwand, doch sie gibt dem Leben Sinn und Gewicht. Um Ihren eigenen Motiven in Bezug auf Arbeit und Beruf auf die Spur zu kommen, können Sie nun einen kleinen Test machen, indem Sie die sogenannte Lotto-Frage beantworten:

Aufgabe

Stellen Sie sich vor, Sie haben im Lotto einen so großen Geldbetrag gewonnen, dass Sie für den Rest Ihres Lebens sorgenfrei wären, ohne arbeiten zu müssen. Wie würden Sie sich in Bezug auf Ihre Arbeit entscheiden?

1. Ich würde zu arbeiten aufhören.
2. Ich würde im jetzigen Job weiterarbeiten.
3. Ich würde weiterarbeiten, aber unter anderen Bedingungen.
4. Ich würde mir eine ganz andere Aufgabe suchen.

Sie haben Antwort 1 angekreuzt: Warum möchten Sie aufhören zu arbeiten und was würden Sie ohne Ihre Arbeit vermissen?

Sie haben Antwort 2 angekreuzt: Warum möchten Sie im gleichen Job weiterarbeiten?

Sie haben Antwort 3 angekreuzt: Welche Bedingungen würden Sie verändern und warum möchten Sie weiterarbeiten?

Sie haben Antwort 4 angekreuzt: Welcher Aufgabe würden Sie zukünftig gerne nachgehen? Was würde Ihnen an der neuen Aufgabe gefallen?

Die Lotto-Frage ist sehr gut dazu geeignet, herauszufinden, was Ihre Motive sind, zu arbeiten, bzw. welchen Sinn Ihre Arbeit für Sie persönlich hat:

- Antwort 1 hat Ihnen gezeigt, dass Ihnen Ihre Arbeit derzeit keinen Spaß macht, dass es aber auch einige Dinge gibt, die Sie vermissen würden, wenn Sie diese Arbeit nicht mehr hätten.

- Antwort 2 hat Ihnen deutlich gemacht, wie wichtig und wertvoll Ihnen Ihre Arbeit ist – kein noch so großer Lottogewinn könnte Sie je dazu bringen, Ihren Job aufzugeben.

- Und Antwort 3 zeigt, was Sie verändern möchten, um sich wohler zu fühlen, dass es aber trotzdem gute Gründe gibt, weiterzuarbeiten.

Schauen Sie sich Ihre Antworten noch einmal an. Sie werden vermutlich eine wichtige Tatsache feststellen: Geld ist niemals das einzig entscheidende Motiv dafür, dass Sie arbeiten. Und wie Langzeitstudien über Lottogewinner und ihr Leben nach dem Gewinn zeigen, können die vielen Millionen oft nicht darüber hinwegtäuschen, dass das Leben in vermeintlicher Unabhängigkeit, in Luxus und Saus und Braus oft eine Falle ist, in der Sinnlosigkeit und Leere die darin sitzenden Menschen letztendlich in die Verzweiflung und nicht selten auch in Ruin und Armut treiben.

So kommen Sie Ihren Motiven auf die Spur

Die Lotto-Frage ist ein guter Einstieg, über die eigenen Motive in Bezug auf den Beruf und die Arbeitsstelle nachzudenken. „Warum mache ich das eigentlich?" kann aber nicht nur in Zusammenhang mit Arbeit, sondern auch in allen anderen Lebensbereichen interessante Antworten bringen. Zum Beispiel:

Ich muss,

... weil ich dafür bezahlt werde;

... weil ich es eben so gewohnt bin;

... weil andere das auch so machen;

... weil andere mich unter Druck setzen;

... weil es von mir erwartet wird.

Diese Antworten sind plausibel und nachvollziehbar und manche davon sind gute Gründe für unser Verhalten. Doch sie verraten uns nicht, welche Motive uns wirklich lenken und was hinter diesen Motiven steckt. Seine persönliche Motivstruktur zu kennen ist gar nicht so einfach. Wir können viel eher bei anderen erkennen, was ihre Motive sind, als wir das bei uns selbst können. Sehen wir uns einige der Antworten genauer an. Was könnte die dahinterliegende Aussage sein?

„Ich muss, weil andere mich unter Druck setzen" könnte beispielsweise heißen: Ich darf nicht selbst über mich bestimmen. Ich habe keine Macht. Ich fürchte mich vor der Strafe, die ich bekomme, wenn ich das nicht tue. Ich kann mich nicht gegen den Druck wehren. Der andere ist stärker als ich. Ich ergebe mich meinem Schicksal. Ich habe keinen eigenen Willen. Ich bin zu schwach.

„Ich muss, weil ich es eben so gewohnt bin" transportiert folgende Botschaften: Ich hinterfrage mein Tun nicht, weil ich es immer schon so gemacht habe. Ich fühle mich verpflichtet, weil ich es schon immer so gemacht habe. Ich wüsste gar nicht, was ich anders machen könnte. Ich mache einfach so weiter, mir fällt ohnehin nichts Besseres ein.

„Ich muss, weil andere das auch so machen" sagt: Ich passe mich an. Ich will nicht auffallen. Ich kann doch nicht aus der Reihe tanzen. Ich will lieber nicht anecken. Ich verhalte mich lieber unauffällig. Ich gehe Konflikten lieber aus dem Weg. Sie könnten aber auch antworten:

Ich will,
... weil es mir persönlich wichtig ist;
... weil es für die Welt wichtig ist;
... weil es Sinn macht;
... weil es mich interessiert;
... weil es mir Freude bereitet;
... weil ich es gerne mache;
... weil ich es mag;
... weil es Teil eines größeren Ganzen ist.

Aufgabe

Sehen Sie sich bitte die „Ich-will"-Antworten an. Was sagen sie aus? Nehmen Sie ein Blatt Papier zur Hand und gehen Sie für jedes der Beispiele durch, welche Botschaften sie transportieren.

Merken Sie den Unterschied? Welche Antworten lösen in Ihnen die besseren Gefühle aus? Wie geht es Ihnen, wenn Sie sagen „Ich muss, weil ...", und was fühlen Sie bei „Ich will, weil ..."?

Stellen Sie sich in den nächsten Tagen bei allem, was Sie tun, die Frage „Warum mache ich das eigentlich?". Hören Sie genau in sich hinein. Kommt eine „Ich muss"- oder eine „Ich will"-Antwort? Notieren Sie sich Ihre Antworten und nehmen Sie sich regelmäßig Zeit, hinter die Antwort zu schauen. Was genau sagt Ihre Antwort über Ihre wahren Beweggründe aus?

Ihr persönlicher Motiv-Mix

Vielleicht haben auch Sie schon die eine oder andere US-Krimi-Serie gesehen, bei der ein „Profiler" eingesetzt wird. Ein Profiler ist ein psychologisch ausgebildeter Kriminalist, der aufgrund von Indizien, Spuren am Tatort und spezifischen Tatmerkmalen ein Profil des möglichen Täters erstellt. Zu diesem Profil gehört auch die Analyse möglicher Motive. Die Annahme dabei ist, dass jeder Mensch einen ganz eigenen Motiv-Mix hat, der seine Wahrnehmung, seine Entscheidungen und Handlungen beeinflusst. Dieser Motiv-Mix zieht sozusagen im Hintergrund die Fäden. Den eigenen Motiv-Mix herauszufinden ist gar nicht so einfach. Wenn wir jedoch unsere eigene Motivationskraft optimal einsetzen wollen, dann sollten wir uns selbst besser kennenlernen und unsere persönliche Einzigartigkeit ganz genau studieren – ganz wie ein Profiler, der alle Umfeldbedingungen mit einbezieht.

Motive sind unbewusste Antriebsfedern, denen man sich nicht auf direktem Wege nähern kann. Daher haben Psychologen sogenannte projektive Tests entwickelt. Der Gedanke dabei ist, dass wir unser persönliches Weltbild und unsere Motive auf Situationen projizieren. Das heißt, unsere unbewussten Prägungen beeinflussen immer, wie wir Situationen und Gegebenheiten interpretieren. Ein bekanntes Verfahren, von dem Sie vielleicht schon einmal gehört haben, ist der sogenannte Rorschachtest. Dabei bekommen Sie zehn Tafeln mit Bildern, die aussehen wie Tintenkleckse, vorgelegt, und sollen spontan sagen, was Sie auf den Bildern jeweils erkennen. Aus den Interpretationen werden dann Schlüsse auf Ihre Persönlichkeit gezogen. Ein anderes Verfahren ist der sogenannte Baum-Test, bei dem die Probanden aufgefordert werden, einen Baum zu malen. Aus der Form das Baumes lassen sich Persönlichkeitsmerkmale des Zeichners ablesen. Beide Verfahren arbeiten mit den im Unterbewusstsein jedes Menschen vorhandenen Prägungen, die das Ergebnis der Tests beeinflussen. Ähnlich funktioniert auch der folgende Test – bearbeiten Sie bitte zuerst die Aufgabe, und etwas weiter unten erfahren Sie, was Sie aus dem Ergebnis herauslesen können.

Suchen Sie sich aus der folgenden Übersicht zehn Begriffe heraus, die Sie persönlich spontan ansprechen:

Abwechslung | Achtung | Ästhetik | Aktivität | Ansehen | Anerkennung | Arbeit | Aufrichtigkeit | Aufstieg | Autonomie | Besitz | Beliebtheit | Bewegung | Bewunderung | Disziplin | Einfluss | Engagement | Entspannung | Erotik | Fairness | Fitness | Freiheit | Freizeit | Freude | Fürsorge | Genuss | Gerechtigkeit | Gemeinschaft | Gesundheit | Gewinnen | Glaube | Harmonie | Hilfsbereitschaft | Hoffnung | Geborgenheit | Gelassenheit | Gewissheit | Karriere | Können | Kontakt | Kompetenz | Kontrolle | Kooperation | Kreativität | Kultur | Familie | Leistung | Liebe | Lob | Freundschaft | Macht | Menschlichkeit | Pflichtbewusstsein | Prestige | Offenheit | Optimismus | Ordnung | Orientierung | Reichtum | Rechtschaffenheit | Respekt | Ruhm | Schönheit | Selbstvertrauen | finanzielle Sicherheit | Sinn | Spaß | Stabilität | Struktur | Selbstverwirklichung | Tatkraft | Unternehmungslust | Verantwortung | Vitalität | Vorwärtskommen | Wachstum | Wellness | Werte | Wissbegierde | Wettkampf | Zärtlichkeit

– Notieren Sie Ihre zehn Begriffe.
– Reduzieren Sie dann die Auswahl auf fünf Begriffe.

Frage 1: Hängt die Auswahl von Ihrer Tagesstimmung ab oder sind es fünf Begriffe, die Sie ganz generell ansprechen?

Frage 2: Welche fünf Begriffe definieren Ihre Persönlichkeit am besten? Überlegen Sie: Welche fünf Begriffe würde sich wohl Ihr Partner/ Ihre Partnerin auswählen?

Ihre Auswahl von Begriffen ist ein Hinweis auf genau jene Motive, die Sie im Alltag begleiten und zum Handeln drängen. Aber auch Fragen helfen bei der Erforschung Ihrer Motivwelt. Fragen führen immer zu unserem Inneren. Sie aktivieren unseren unbewussten Wissensschatz und können beim Prozess der Selbsterkenntnis äußerst hilfreich sein. Was wir finden, hängt aber immer auch von unserer aktuellen Stimmungslage ab, das heißt, an einem „guten" Tag werden wir ganz andere Dinge finden als an einem „schlechten" Tag.

Aufgabe

Beantworten Sie die folgenden Fragen unbedingt schriftlich und so ausführlich wie möglich, denn nur dann entsteht ein echter Aha-Effekt:

- Wofür interessieren Sie sich?
- Wofür können Sie sich so richtig begeistern?
- Was macht Sie glücklich?
- Worüber können Sie sich freuen?
- Was machen Sie gerne?
- Was können Sie besonders gut?
- Was machen Sie gerne, aber nicht gut?
- Was machen Sie nicht gerne, aber gut?
- Was machen Sie nicht gerne und auch nicht gut?
- Womit verbringen Sie Ihre Zeit? Womit am liebsten?
- Wofür geben Sie Ihr Geld aus?
- Was waren/sind Ihre größten Erfolge?
- Worauf sind Sie besonders stolz?

Beantworten Sie diese Fragen einmal für sich selbst und dann überlegen Sie – am besten auch das schriftlich: Was würde Ihr Partner, Ihr bester Freund, Ihre Eltern oder Ihr größtes Vorbild antworten? Was verändert sich je nach Tagesverfassung und Stimmung? Und je nach Ihrer beruflichen Situation können Sie den Kreis der Personen auch noch auf Ihre Kollegen und auf Mitarbeiter erweitern.

Wenn Sie diese Fragen beantwortet haben, können Sie sich schon ein sehr gutes Bild davon machen, was Sie antreibt und was Ihre Mitmenschen antreibt, Sie haben einen ersten Einblick in die Motive gewonnen. Im nächsten Abschnitt gehen wir noch einen Schritt weiter und sehen uns einzelne Umfeldbedingungen an und wie sich diese auf das Verhalten von Menschen auswirken.

Jeder Mensch tickt anders

Wenn es darum geht, Spitzenleistungen möglich zu machen, ist es wichtig zu erkennen, wie die Arbeitsbedingungen bzw. das Arbeitsumfeld eines Menschen idealerweise sein sollten. Jeder Mensch ist motivierbar. Doch kann man nicht jeden Menschen auf dieselbe Weise motivieren, ohne seine Grundhaltung zu kennen. Und diese unterscheidet sich von Mensch zu Mensch. Leider funktioniert es also nicht, einfach Typen zu konstruieren und je nach Typ vorgefertigte Motivationsrezepte anzuwenden. Man muss die Motivationsbereitschaft und Motivierbarkeit jedes Einzelnen anhand unterschiedlicher Faktoren betrachten bzw. anhand eines ganzen Faktoren-Mixes.

Wir haben dazu ein heuristisches Modell entwickelt, das es erlaubt, unterschiedliche Bedürfnisse, Anreize und Motive detaillierter zu betrachten und Anhaltspunkte zu gewinnen, wie Menschen am Arbeitsplatz „ticken" und womit sie motiviert – oder demotiviert! – werden. Mit Hilfe dieser Typologie können Sie sich, aber auch andere einschätzen.

- Welche Arbeitssituationen bevorzugen Sie?
- Kennen Sie Ihre Vorlieben und damit Ihre persönlichen Bedürfnisse?
- Unter welchen Arbeitsbedingungen bringen Sie beste Leistungen bzw. blühen Sie auf?

Unser Modell hilft Ihnen zu analysieren, ob Ihr berufliches Umfeld optimal ist, und es hilft zu erkennen, wer auf eine bestimmte Position passt.

Es geht dabei nicht darum, eine Entweder-oder-Einordnung vorzunehmen, sondern darum, eine Momentaufnahme zu machen, wie es Ihnen derzeit geht. Wir möchten Ihnen damit die Möglichkeit geben, sich besser kennenzulernen und in unterschiedlichen Situationen nachvollziehen zu können, ob Sie etwas verändern oder verbessern könnten.

Individuelle Motivationsfaktoren in der Arbeitswelt

1. Der Faktor „Kontakt": Mit wem und wie?	– Gemeinsam oder allein? – Team oder Leader?
2. Der Faktor „Arbeit und Aufgaben": Wie und was?	– Genießer, Denker oder Macher? – Kooperation oder Wettbewerb? – Struktur, Abwechslung oder Freiheit? – Sprinter oder Marathon?
3. Der Faktor „Belohnung oder Sicherheit": Warum und wozu?	– Sicherheit oder Risiko? – Intrinsische oder extrinsische Belohnung? – Engagement, Ansehen oder Vermeidung von „Strafe"?

1. Der Faktor Kontakt: Mit wem und wie?

Gemeinsam oder allein: Braucht jemand viel Kontakt oder arbeitet er gern allein? Hat jemand bei der Arbeit gerne viel oder lieber wenige Begegnungen mit anderen Menschen?

☐ Ich habe gerne mit Menschen zu tun.

☐ Ich arbeite sehr gern allein und brauche nicht viel Kontakt zu Menschen.

Team oder Leader: Arbeitet jemand lieber im Team oder als Chef?

☐ Ich arbeite lieber im Team.

☐ Ich bin lieber Vorgesetzter als Teammitglied.

2. Der Faktor Arbeit und Aufgaben: Wie und was?

Genießer, Denker oder Macher: Wie viel Arbeit, Zeit und Kraft ist jemand bereit zu investieren?

☐ Richtig anpacken zu können gefällt mir am besten.

☐ Für mich gibt es keine Probleme, nur Herausforderungen.

☐ Es ist mir ganz wichtig, viel Freizeit zu haben.

☐ Es gefällt mir, mich gedanklich mit kniffligen Problemen auseinanderzusetzen.

☐ Ich muss immer etwas zu tun haben.

Kooperation oder Wettbewerb: Arbeitet jemand lieber mit anderen gemeinsam oder ist er ein Einzelkämpfer?

☐ Ich arbeite am liebsten mit anderen zusammen.

☐ Ich arbeite gern allein.

☐ Belohnungen spornen mich an.

☐ Wettkampf spornt mich an.

☐ Ich freue mich, wenn ich meinen Beitrag zum Teamerfolg leisten kann.

Struktur, Abwechslung oder Freiheit: Braucht jemand klare Aufgaben und Vorgaben oder arbeitet jemand gern ohne Vorgaben und mit eigener Zeiteinteilung?

☐ Klare Aufgaben gefallen mir am besten.

☐ Ich arbeite am liebsten ganz selbständig.

☐ Ich mag es, wenn immer wieder etwas anderes zu tun ist.

☐ Eine Arbeit, bei der ich genau weiß, was jeden Tag zu tun ist, gefällt mir am besten.

☐ Ich mag es, wenn ich selbst entscheiden kann, was wann und wie zu tun ist.

Sprinter oder Marathon: Arbeitet jemand lieber an kurzfristigen Aufgaben und Projekten oder kann jemand langfristige Ziele ausdauernd verfolgen? Arbeitet jemand lieber an überschaubaren Aufgaben mit unmittelbarem Feedback oder genießt es jemand, mehr an einer großen Aufgabe, vielleicht sogar Vision zu arbeiten? Ist jemand langfristig motiviert bzw. motivierbar?

☐ Am liebsten arbeite ich an überschaubaren Projekten.

☐ Ich mag Abwechslung und arbeite gerne gleichzeitig an verschiedenen Projekten.

☐ Langfristig, über eine längere Dauer an einer Aufgabe zu arbeiten, liegt mir.

☐ Ich mag es, wenn ein Projekt nach wenigen Monaten abgeschlossen ist. Über viele Monate oder gar Jahre an einer Sache zu arbeiten ist nichts für mich.

3. Der Faktor „Belohnung oder Sicherheit":
   Warum und wozu?

Sicherheit oder Risiko: Ist jemand lieber angestellt oder selbständig? Wie stark ist die Arbeitsmotivation von Befürchtungen, Bedenken oder Mut bestimmt? Trägt jemand gerne Verantwortung oder überwiegt die Angst, Fehler zu machen?

- ☐ Ich treffe gerne wichtige Entscheidungen.
- ☐ Ich bevorzuge kalkulierbare Risiken und berechenbare Strukturen.
- ☐ Ich fühle mich wohl, wenn ich genau weiß, was auf mich zukommt.
- ☐ Ich kann flexibel auf geänderte Umstände reagieren.
- ☐ Ich trage gerne Verantwortung.
- ☐ In Krisensituationen laufe ich zur Hochform auf.

Intrinsische oder extrinsische Belohnung: Bevorzugt jemand intrinsische oder extrinsische Belohnungen? Warum und wofür arbeitet jemand?

- ☐ Mir ist wichtig, dass ich eine spannende Aufgabe habe.
- ☐ Geld ist mir wichtiger als eine spannende Aufgabe.
- ☐ Anerkennung ist für mich wichtiger als ein großes Gehalt.
- ☐ Ein gutes Betriebsklima ist für mich wichtiger als eine spannende Aufgabe.
- ☐ Ein gutes Betriebsklima ist für mich wichtiger als ein großes Gehalt.
- ☐ Für mich sind Gefühle wie Freude, Stolz, Sinn, Flow wichtig.
- ☐ Für mich sind Geld, Status, Lob als Leistungsanreize wichtig.

Engagement, Ansehen oder Vermeidung von „Strafe": Woraus gewinnt jemand Selbstwertgefühl und Motivation? Aus dem Inhalt der Arbeit oder aus der damit verbundenen Position? Aus der Leistung und dem damit verbundenen Feedback oder der Vermeidung von Konflikten und Ärger?

- ☐ Ich bringe Leistung nur, um keinen Ärger zu bekommen, mich nicht unbeliebt zu machen oder mein Gesicht zu verlieren.
- ☐ Mir ist wichtig, dass ich eine Position habe, die mir Ansehen verschafft.
- ☐ Ich arbeite gerne. Ohne Arbeit würde mir etwas fehlen.
- ☐ Es ist mir peinlich, wenn ich Fehler mache oder schlechte Arbeit abliefere.
- ☐ Es ist mir egal, was andere von mir und meinem Arbeitsverhalten denken.

Was können Sie aus den Antworten ableiten?

Dieses Modell ist keine Wertung von Persönlichkeitsmerkmalen, sondern bietet ein alltagstaugliches, rasch einsetzbares Hilfsmittel, mit dem man feststellen kann, wie das Arbeitsumfeld sein muss, um einen Menschen zu motivieren. Zum Beispiel:

- Jemand, der mehr Struktur braucht, ist durch klare Vorgaben besser zu motivieren.
- Jemand, der mehr Freiheit braucht, möchte sich beispielsweise seine Arbeitszeit frei einteilen.
- Wem der eigene Erfolg wichtig ist, wird im Team nicht sein Bestes geben.
- Wer innere Motivation braucht, dem muss man Erfolgserlebnisse ermöglichen, wer äußeren Ansporn braucht, muss öfter gelobt werden.

- Ein kooperativer Mensch wird motivierter sein, wenn er im Team arbeiten kann.
- Ein wettbewerbsorientierter Typ braucht die Herausforderung, etwas gewinnen zu können, er muss speziell ausgezeichnet (Ranking) oder mit einer Prämie belohnt werden.

Analog dazu lassen sich auch die entsprechenden Faktoren für Demotivation ableiten und lässt sich herausfinden, wo man ansetzen muss, um eine Veränderung zu bewirken. Dabei muss es sich nicht gleich um ausgeprägte „Motivationskiller" handeln, wie wir sie in unserer Liste der 33 Motivationskiller dargestellt haben. Oft reicht auch „schleichende" Demotivation, um jemanden mit der Zeit zu zermürben. Wird beispielsweise ein Mitarbeiter, der abends auch mal länger bleibt, wenn es eine Aufgabe erfordert, wiederholt wegen ein paar Minuten Zuspätkommens am Morgen kritisiert, wird das langsam, aber sicher dazu führen, dass der Mitarbeiter seine Bereitschaft zu ungeplanter Überstundenleistung zurückfahren wird. Die Kosten für die Disziplinierungsmaßnahme – auch wenn sie einen objektiven Regelverstoß betrifft – sind im Verhältnis zum Nutzen für alle Beteiligten relativ hoch. Die Führungskraft ist hier also gefordert, den Mitarbeiter auf andere Weise dazu zu bringen, pünktlich zu kommen, als durch Kritik. Mit der Betrachtung der Motivationsfaktoren, die für den Mitarbeiter wichtig sind, kann er einen positiven Anreiz finden, die den Mitarbeiter künftig von sich aus (intrinsisch!) motiviert, pünktlich am Arbeitsplatz zu erscheinen.

Motivation und Demotivation sind von unglaublich vielen Einzelfaktoren abhängig, die sich gegenseitig beeinflussen. Was geschieht, wenn ein Mensch sich selbst falsch motiviert bzw. von anderen mit den falschen Leistungsanreizen motiviert wird? Ganz einfach, dieser Mensch wird unter solchen Bedingungen langfristig
- nicht effektiv arbeiten können,
- sein Potenzial nicht entfalten,
- manche Bedingungen am Arbeitsplatz sogar als Motivationskiller empfinden,

- sich innerlich zerrissen fühlen, da er ständig gegen seine Natur ankämpfen muss,
- und damit einfach nicht glücklich.

Anhand unseres Motivationsmodells lassen sich zum einen die Leistungspotenziale der Menschen erkennen. Man kann ablesen, wie man diese Potenziale optimieren kann. Es kann sich aber jemand auch selbst damit analysieren, um herauszufinden, was er an seiner Situation ändern kann, damit er sich besser fühlt, motivierter ist, erfolgreicher werden kann.

Das Modell lässt sich nicht nur im Unternehmen anwenden, sondern auch im Alltag, in der Familie. Immer dort, wo Probleme im Miteinander auftauchen, wo Konflikte auftreten oder Einzelne unzufrieden sind, ihre Leistungsbereitschaft abnimmt oder sie offensichtlich demotiviert sind, kann ein Blick auf unser Modell helfen, herauszufinden, wo die Bedürfnisse des Betreffenden nicht „typgerecht" erfüllt werden. Ergänzend dazu kann auch ein Blick in die Liste der 33 Motivationskiller nützlich sein, um die Ursachen der Demotivation ausfindig zu machen und gezielt gegenzusteuern.

Jeder Mensch ist anders, und so ist auch jeder Mitarbeiter und jede Mitarbeiterin anders und muss anders motiviert werden. Hier liegt ein wichtiger Faktor guter Führung. Doch muss man sich in der Praxis wirklich konsequent jeden einzelnen Faktor anschauen und die Menschen entsprechend genau beobachten und ihnen zuhören. Steckt jemand im falschen „Motivationssystem", weil er nicht seinem Typ gemäß motiviert wird, kann es zu Stress kommen. So funktioniert zum Beispiel die Leistungsmotivation nicht, wenn man als Führungskraft nicht erkennt, wodurch man die Mitarbeiter eigentlich motiviert oder demotiviert, und nach einem theoretisch gelernten „Schema F" vorgeht.

Der Luxus in unserer Gesellschaft besteht darin, dass wir uns heutzutage eine Arbeit suchen können, die zu uns passt. Wir können uns Ziele setzen, die mit unserer Motivstruktur in Einklang stehen, und wir können uns ein Umfeld suchen, in dem wir unseren Motiven entsprechend unsere

Leistung erbringen können. Sich als Mitarbeiter an die Gegebenheiten anzupassen, auch wenn es der eigenen Persönlichkeit überhaupt nicht entspricht, ist genauso kontraproduktiv, wie als Führungskraft zu erwarten, dass alle Mitarbeiter gleich behandelt werden möchten oder müssen. Die Motive der Einzelnen sind viel zu unterschiedlich, als dass man mit einem solchen Konzept lange erfolgreich führen könnte.

Unser wichtigstes Motiv: Anerkennung

Der stärkste Trieb in der menschlichen
Natur ist der Wunsch, bedeutend zu sein.

John Dewey (1859–1952),
amerikan. Philosoph und Psychologe

Das wichtigste Motiv von uns allen ist der Wunsch nach Anerkennung. Es ist sozusagen das Meta-Bedürfnis. Jeder Mensch hat dieses Bedürfnis und doch hat jeder Mensch eigene Wege entwickelt, um dieses Meta-Bedürfnis erfüllt zu bekommen. Die folgenden sieben Motivgruppen sind dabei sowohl Ausdruck des Wunsches nach Anerkennung als auch verschiedene Wege, um sich selbst mehr Anerkennung zu verschaffen.

1. Engagement, Erfolg und Wachstum
2. Einfluss, Macht und Prestige
3. Kontakte, Bindung und Nähe
4. Unternehmungslust, Abwechslung und Neugier
5. Sicherheit und Stabilität
6. Genuss und Wellness
7. Sinn und Werte

Wir unterscheiden zwischen biologischen und sozialen Motiven. Je nach Lebensphase sind verschiedene Motive dominant. Die Liste, aus der Sie fünf besonders ansprechende Bedürfnisse ausgewählt haben, kommt hier jetzt wieder ins Spiel. Denn jeder Punkt lässt sich einem der großen Motivbereiche zuordnen.

Engagement, Erfolg und Wachstum	Einfluss, Macht und Prestige	Kontakte, Bindung und Nähe	Unternehmungslust, Abwechslung und Neugier
Anerkennung	Ansehen	Beliebtheit	Abwechslung
Arbeit	Aufstieg	Familie	Aktivität
Disziplin	Besitz	Freundschaft	Autonomie
Engagement	Bewunderung	Fürsorge	Freiheit
Karriere	Einfluss	Geborgenheit	Offenheit
Kompetenz	finanzielle Sicherheit	Gemeinschaft	Unternehmungslust
Können	Gewinnen	Hilfsbereitschaft	Wissbegierde
Leistung	Macht	Kontakt	
Selbstvertrauen	Prestige	Kooperation	
Selbstverwirklichung	Reichtum	Liebe	
Tatkraft	Respekt	Lob	
Wachstum	Ruhm	Zärtlichkeit	
	Verantwortung		
	Vorwärtskommen		
	Wettkampf		

Sicherheit und Stabilität	Genuss und Wellness	Sinn und Werte	
Gewissheit	Ästhetik	Achtung	
Kontrolle	Bewegung	Aufrichtigkeit	
Ordnung	Entspannung	Disziplin	
Pflichtbewusstsein	Erotik	Fairness	
Orientierung	Fitness	Gerechtigkeit	
Stabilität	Freizeit	Glaube	
Struktur	Freude	Hoffnung	
	Gelassenheit	Kreativität	
	Genuss	Kultur	
	Gesundheit	Menschlichkeit	
	Harmonie	Rechtschaffenheit	
	Optimismus	Respekt	
	Schönheit	Schönheit	
	Spaß	Sinn	
	Vitalität	Werte	
	Wellness		

Ihre wichtigsten Motivbereiche

Sehen Sie sich an, welche Begriffe Sie sich in der vorhergehenden Übung ausgesucht haben. Zu welchem Motivbereich gehören sie? Wenn Sie das wissen, kommen Sie Ihrer Grundmotivation auf die Spur. Was Sie hier ausgewählt haben, sagt Ihnen, welcher Motivbereich bei Ihnen dominiert und wo Sie sich das größte Potenzial für Erfolg und Anerkennung erschließen können.

Das Wissen über die Hauptmotivbereiche, in denen jemand sich bewegt, hilft beim Verständnis dafür, warum ein und dieselbe Sache bei zwei Menschen zu völlig unterschiedlichem Motivationsverhalten führen kann. So kann eine in Aussicht gestellte Leistungsprämie im Rahmen eines Wettbewerbs den einen Mitarbeiter stark zu einer besonderen Leistung motivieren, nämlich dann, wenn seine Hauptmotive im Bereich Einfluss, Macht und Prestige oder bei Engagement, Erfolg und Wachstum angesiedelt sind. Der Mitarbeiter, dessen Grundmotive in den Bereichen Kontakt, Bindung und Nähe liegen, wird sich mit einem solchen Wettbewerb nicht wohl fühlen, bis hin zu merkbarer Demotivation. Das heißt nicht, dass ein solcher Mitarbeiter im Vertriebsteam falsch eingesetzt ist, denn er wird in Sachen Kundenbindung und Serviceorientierung top sein und ganz ohne Prämienversprechen seinen Teil zum Gesamterfolg beitragen.

Um also herauszufinden, was für Sie selbst und für Ihre Mitarbeiter, Ihren Partner oder Ihre Partnerin, Ihre Kinder und all die anderen Menschen, mit denen Sie tagtäglich kommunizieren, der richtige Input ist, um Anerkennung spürbar und erlebbar zu machen, ist es wichtig, sich über die Motive klarzuwerden, die unsere Wahrnehmung von Anerkennung beeinflussen. Jeder Mensch, wirklich jeder hat einen Punkt, an dem man mit Anerkennung ansetzen kann. Diesen herauszufinden ist die Kunst, die einen guten, einen exzellenten Motivator, eine exzellente Motivatorin ausmacht.

Ziele, Beständigkeit und kompromisslose Zukunftsorientierung: Dr. Bernard Broermann, Gründer der Asklepios-Gruppe

Dr. Bernard Broermann wollte immer ein erfolgreicher Unternehmer sein – und er hat sich darauf mehr als gründlich vorbereitet. Der 1943 geborene Sohn von Großgrundbesitzern und Landwirten aus dem Oldenburger Münsterland begann mit dem Studium der Medizin und der Chemie und wechselte nach dem Vordiplom bzw. Physikum zum Doppelstudium Jura und Betriebswirtschaftslehre. Anfang der 1970er Jahre machte er den Master of Business Administration (MBA) an der renommierten Business School INSEAD im französischen Fontainebleau und in Harvard, USA, promovierte in Jura und absolvierte die Prüfungen zum Steuerberater und zum Wirtschaftsprüfer. Sobald die letzte Prüfung unter Dach und Fach war, verließ er die Wirtschaftsprüfungsgesellschaft, bei der er zu dieser Zeit noch als Angestellter tätig war, und machte sich mit einer eigenen Kanzlei selbständig. Schon während seiner Studienzeit hatte er ein Unternehmen gegründet, das mit Wertpapierfonds handelte. Diese Firma mit vier Standorten und insgesamt 50 Mitarbeitern verkaufte er und legte mit dem Erlös den Grundstein für erfolgreiche Immobiliengeschäfte. Heute ist Dr. Broermann der Alleingesellschafter von Asklepios, als Betreiber von über hundert Kliniken und Gesundheitseinrichtungen das größte private Klinikunternehmen Deutschlands. Darüber hinaus ist er unter anderem Besitzer zweier Luxushotels.

In einem Interview für unser Magazin „Der erfolgreiche Weg" führte Dr. Broermann seinen Werdegang auf seine klaren Ziele, verbunden mit Hartnäckigkeit, Elan und der Fähigkeit, gute Gelegenheiten beim Schopfe zu packen, zurück. Früh erkannte er den Trend, dass durch die steigende Lebenserwartung immer mehr Gesundheitsleistungen nachgefragt werden, die traditionelle Klinikbetreiber wie Kommunen, Länder oder Kirchen nur mit wirtschaftlichen Verlusten erbringen können. Die Asklepios-Gruppe kann durch wertvolle Synergien innerhalb des Unternehmens zeitgemäße Gesundheitsdienstleistungen auf hohem Niveau anbieten.

Dr. Broermann sah sich im Unternehmen vor allem als Stratege – und als Problemlöser. Und in beiden Bereichen gibt es in einem Unternehmen dieser Größenordnung viele Herausforderungen. So wird die Privatisierung von Krankenhäusern und Rehabilitationszentren und die damit verbundene Sanierung der Einrichtung und Modernisierung von Arbeitsabläufen von der Öffentlichkeit und der Belegschaft nicht immer positiv aufgenommen. Dr. Broermann ließ sich allerdings nie beirren, dass seine Strategie die richtige ist. Mit offener Kommunikation und Transparenz stellte das Unternehmen in solchen Fällen die Faktenlage dar und informierte beispielsweise über die Maßnahmen, die Asklepios im Bereich Ausbildung und Motivation der mehr als 36.000 Mitarbeiter umsetzt.

Motivation bedeutet für Dr. Broermann in erster Linie, die Stärken der Mitarbeiter zu fördern. Denn wie er als aktiver Teilnehmer eines unserer Seminare mitgenommen hat: Schwächen können durch Kritik nicht beseitigt werden, viel wichtiger ist es daher, auf die Potenziale und Stärken der Mitarbeiter zu setzen. Die wichtigste Frage im Bewerbungsgespräch mit neuen Führungskräften: „Was haben Sie bisher mit Ihrem Leben angestellt?" Wer aufgenommen wird und sich bewährt, bekommt rasch Verantwortung und wird in einem System aus zentraler und dezentraler Verwaltung bald mit Vollmachten ausgestattet.

Eines der Erfolgskriterien des Unternehmens sind die klaren Zielpläne, die es für alle Bereiche gibt. Ziele weisen immer in die Zukunft, und so verwundert es nicht, dass Dr. Broermann das Unternehmen insgesamt sehr zukunftsorientiert ausgerichtet hat. Eines der Projekte der Asklepios-Gruppe trägt „Zukunft" sogar im Namen: Das „Asklepios Future Hospital"-Programm ist eine Partnerschaft mit der Industrie zur Weiterentwicklung von Informationstechnologie im Krankenhaus, um die Kommunikation unter allen Beteiligten wie Ärzten, Pflegekräften und Verwaltung zu verbessern. Die Förderung der Prävention, unter anderem auch in Zusammenarbeit mit Schulen mit Schwerpunkt Suchtprävention und Aufklärung über die Folgen von Alkoholmissbrauch, ist ein wichtiger Teil der

Öffentlichkeitsarbeit für mehr Gesundheitsbewusstsein. Und auf der „Forschungslandkarte" von Asklepios findet sich eine Vielzahl von Projekten in ganz Deutschland, die sich mit Innovation in der Medizin und im Gesundheitswesen befassen – einem Bereich, auf den gesamtgesellschaftlich enorme Herausforderungen auf uns warten. Mit seinem Weitblick und seiner kompromisslosen Zielorientierung, verbunden mit einer Werthaltung, die Tradition und Innovation verbindet, hat Dr. Broermann seine Unternehmensgruppe auf einen zukunftsweisenden Weg gebracht.

So stärken Sie Ihre Motivationskraft

Wir warten unser Leben lang auf den
außergewöhnlichen Menschen,
statt die gewöhnlichen um uns her in solche zu verwandeln.

Hans Urs von Balthasar (1905–88), Theologe, Verleger

Seit vier Jahrzehnten wenden Menschen unser Erfolgssystem, die Philosophie des erfolgreichen Wegs, an, um ihre Lebensziele zu erreichen. Motivation spielt dabei eine unglaublich wichtige Rolle, ja, ohne die Fähigkeit, sich selbst und andere zu motivieren, wäre Erfolg gar nicht denkbar. Unser Erfolgssystem ist in diesem Sinne also ein Motivationssystem, denn alles, was Sie brauchen, um sich und andere zu motivieren, finden Sie in der Philosophie des erfolgreichen Wegs. Die Eckpfeiler sind: Ihre Grundeinstellung, persönlichkeitsgerechte Ziele, die Macht des gesprochenen Wortes und die bewährten Methoden zur Stärkung der Persönlichkeit.

Der Boden, auf dem Motivation gedeiht: Ihre Grundeinstellung

Die Grundeinstellung eines Menschen ist ausschlaggebend dafür, wie er an die Herausforderungen des Lebens herangeht. Wir erinnern an dieser Stelle an die Ausführungen zum Thema Pessimismus und Optimismus in der Einleitung. Eine pessimistische Grundhaltung lässt sich mit positiver Motivation nur schwer in Einklang bringen. Eine pessimistische Ausstrahlung wird eher demotivierend wirken, und zwar auf sich selbst und auf die Umwelt. Doch reicht die Betrachtung auf der Ebene Pessimismus und Optimismus noch nicht aus, um die eigene Grundhaltung wirklich ausreichend zu kennen. Dazu gehört nämlich mehr als nur die Unterscheidung von positivem und negativem Denken. Wichtig ist auch, zu wissen, in welcher Phase seines Lebens man sich mental befindet und welche Konsequenzen das für die eigene Motivationskraft hat. Wir haben dazu ein einfaches Modell aus drei Typen entwickelt, mit dem Sie sich selbst rasch einordnen können.

- Der Archäologe gräbt in der Vergangenheit.
- Der Journalist berichtet über die Gegenwart.
- Der Architekt baut an der Zukunft.

Die Passion des **Archäologen** ist es, Altes auszugraben und daraus Erkenntnisse über die Vergangenheit, über die Geschichte zu gewinnen. Er ist ein Spurensucher, der Artefakte aus vergangenen Zeiten sucht und findet, sie untersucht, kombiniert und interpretiert. Dabei kann vieles wissenschaftlich gut begründet oder gar bewiesen werden, manches aber bleibt im Bereich der Vermutungen und wird durch neue Funde und Erkenntnisse möglicherweise irgendwann revidiert. Archäologische Forschungen können vieles erklären, was für uns heute, in der Gegenwart, von Bedeutung ist. Was das für die Zukunft bedeutet, kann der Archäologe aber nur sehr begrenzt ableiten.

Die Aufmerksamkeit des **Journalisten** liegt auf dem, was hier und jetzt vor sich geht. Er beschreibt aktuelle Ereignisse und dabei stehen Fakten im Mittelpunkt der Betrachtung. Bei längeren Analysen von Sachverhalten kommt je nach Thema auch Wissen über die Vergangenheit ins Spiel – aber schon wartet das nächste Ereignis, dem er sich mit Interesse, aber nur sehr kurzer Aufmerksamkeitsspanne zuwendet.

Der **Architekt** entwickelt ein Bild von der Zukunft und entwirft einen Bauplan. Dabei berücksichtigt er auch die Vergangenheit und die Gegenwart, aber ein guter Architekt fügt seinem Entwurf etwas Neues hinzu, wirkt also schöpferisch und erneuernd. Ein exzellenter Architekt beachtet die Bedürfnisse der Bewohner des neuen Hauses oder der Nutzer des Gebäudes, das er planen wird, bevor er sich an die Arbeit macht. Er geht nicht nach „Schema F" vor oder baut – bildlich gesprochen – Bestandteile aus einem Katalog standardisierter Fertigteile zusammen, ohne zu wissen, wer einmal in das Haus einziehen wird.

Jeder Mensch braucht Zukunft

Welchem Typ sollte ein Mensch, der sich selbst motivieren und ein guter Motivator sein will, am ehesten entsprechen? Wir sind der Meinung: Er muss ein Architekt sein. Denn jeder Mensch braucht Zukunft. Das Wissen über die Vergangenheit ist wichtig, keine Frage, und im Hier und Jetzt zu leben und sich für die aktuellen Vorgänge im eigenen Leben und im Umfeld zu interessieren, ist ebenso wichtig. Aber wer sich nicht mit seiner Zukunft befasst, wird seine Potenziale nicht optimal entwickeln und einsetzen.

In der Philosophie des erfolgreichen Wegs bedienen wir uns einer scheinbar einfachen Fragestellung, um den eigenen Standort zu bestimmen:

- Wer bin ich?
- Was bin ich?
- Was will ich?

Mit diesen drei einfachen Fragen finden wir die elementarsten Grundlagen unserer Existenz heraus – und doch stellen sich viele Menschen diese Fragen nie. Und suchen überall nach Verantwortlichen, wenn ihr Leben nicht so gut läuft, anstatt selbst die Verantwortung dafür zu übernehmen. Oder sie lassen sich treiben und verwechseln das mit Freiheit. Dabei ist es genau das Gegenteil davon: Wer sein Leben dem Zufall überlässt, liefert sich der Fremdbestimmung aus und wird zum Spielball der Interessen anderer. Menschen, die auf diese Weise ihr Leben verbringen, vergeuden ihre Potenziale und Möglichkeiten und ihre Einstellung kann sich sogar demotivierend auf das Umfeld auswirken.

Bevor Sie also darangehen, Ihre Selbstmotivation zu stärken, und Methoden entwickeln, mit denen Sie andere motivieren können, ist es wichtig, dass Sie sich über Ihren eigenen Standort klar sind. Die gedankliche Beschäftigung mit den drei Fragen ist die Voraussetzung dafür, dass Sie in eine erfolgreiche Zukunft gehen, die Sie selbst bestimmen. Nur wenn Sie wissen, wer Sie sind, können Sie an sich glauben, können Sie Selbstvertrauen aufbauen und ein Gefühl für Ihren Wert, Ihren Selbstwert entwickeln. Nur wenn Sie wissen, was Sie wollen, können Sie auf der Basis dessen, was für Sie „erfolgreich leben" bedeutet, Ziele entwickeln.

Aufgabe

Vervollständigen Sie bitte die folgenden Aussagen:

1. Ich bin ein Mensch, der .... ist.
2. Ich bin ein Mensch, der .... ist.
3. Ich bin ein Mensch, der .... will.
4. Ich bin ein Mensch, der ....
5. Ich bin ein Mensch, der ....

Der Mensch, der sich und seine Ziele kennt, kann seine Zukunft planen. Oder noch besser: Er hat seine Zukunft bereits in sich, sie ist in seinen Gedanken schon vorhanden. Freiheit gewinnt nicht der, der in den Tag hinein lebt und sich womöglich eines Tages in einer Welt wiederfindet, die ihm nicht gefällt. Freiheit gewinnt der, der die Kunst des Vorausdenkens beherrscht und sich über die Konsequenzen seines Handelns – und Nichthandelns – im Klaren ist.

Welche Motive trennen mich von der Masse?

Der spanische Philosoph und Soziologe José Ortega y Gasset (1883–1955) schrieb in seinem 1930 erschienenen Buch „Der Aufstand der Massen":

Masse ist jeder, der sich nicht aus besonderen Gründen – im Guten oder im Bösen – einen besonderen Wert beimisst, sondern sich schlichtweg für Durchschnitt hält, und dem doch nicht schaudert, der sich in seiner Haut wohlfühlt, wenn er merkt, dass er ist wie alle.

Die Masse kann ihrem Wesen nach ihr eigenes Dasein nicht lenken!

Die Gesellschaft ist immer eine dynamische Einheit zweier Faktoren – der Eliten und der Massen. Die Einteilung der Gesellschaft in Masse und Elite ist keine Einteilung nach sozialen, sondern nach menschlichen Kategorien.

Man kann die Menschheit einteilen in solche, die viel von sich fordern und sich mit Pflichten beladen, und andere, die nichts Besonderes von sich fordern, die sich begnügen, von einem Augenblick zum anderen zu bleiben – was sie schon lange sind. Sie haben keinen Drang über sich hinaus. Dies ist der Grund, warum wir einen großen Teil der Menschen Masse nennen – nicht nur weil sie träge ist.

Der Massenmensch ist der Mensch, der ohne Ziel lebt und im Winde treibt. Darum baut er nichts auf, obwohl seine Möglichkeiten und Kräfte ungeheuerlich sind!

Elite bedeutet „auserlesen" und bezeichnet im soziologischen Sinne eine Gruppe überdurchschnittlich qualifizierter Menschen, eine Gruppe von Persönlichkeiten mit herausragenden Eigenschaften. Nur ein Mensch, der sich seiner Aufgabe stellt, wird zu einer solchen Persönlichkeit. Veränderungen einzuleiten und daran mitzuwirken, Verantwortung zu übernehmen und sich dazu zu verpflichten, sein Bestes dazu beizutragen, dass die Welt schöner und besser wird, das ist die Aufgabe, die auf jeden Menschen wartet. Wer sie ergreift, gehört zur Elite.

Aufgabe

Sehen wir uns die drei essentiellen Fragen Ihres Lebens noch einmal an:
- Wer bin ich?
- Was bin ich?
- Was will ich?

Was haben Sie darauf geantwortet? Lesen Sie sich Ihre Aussagen noch einmal durch und überlegen Sie sich, was Sie wirklich wollen:

1. Für meine persönliche Zukunft wünsche und hoffe ich, dass ...
2. Meine heutige Vision für meine Zukunft ist ...
3. An meiner Vision begeistert mich, dass ...
4. Um dieses Ziel, diese Ziele sicher zu erreichen, muss ich ...
5. Meine persönlichen Stärken liegen in ...
6. Folgende Fähigkeiten möchte ich verstärken: ...
7. Ich möchte auf folgendem Gebiet einzigartig werden: ...
8. Die Gründe, warum meine Mitarbeiter, meine Kollegen, meine Kunden etc. gern mit mir zusammenarbeiten, sind ...
9. Besonders stolz bin ich darauf, dass ...
10. In den nächsten fünf Jahren werde ich folgendes tun, um immer besser zu werden: ...
11. Ein persönlicher Misserfolg wäre es, wenn ...
12. Ab heute werde ich ... anders machen, um in Zukunft noch besser und erfolgreicher zu werden.

Jeder Mensch ist einzigartig und jeder Mensch kann zur Elite gehören, zu jenem auserwählten Kreis von Menschen, die durch ihr positives Handeln zum Vorbild für andere werden. Sie haben den Grundstein dafür bereits gelegt, indem Sie sich den wichtigsten Fragen Ihres Lebens gewidmet haben.

Welches Menschenbild haben Sie?

Zwei wichtige Begleiter auf unserem Weg in die Zukunft sind die Hoffnung und die Zuversicht. Der Glaube an unsere Zukunft und an unsere Fähigkeiten gibt uns die Kraft für die Gegenwart. Diesen Glauben dürfen wir nie verlieren, denn wenn dies geschieht, reduzieren wir unsere eigenen Kräfte.

Der bekannte Neurologe Dr. Nossrat Peseschkian war wohl der Erste, der in Deutschland die Positive Psychotherapie lehrte. Bei einer unserer vielen Begegnungen erzählte er uns bei einem gemeinsamen Abendessen im persischen Restaurant Hafez von einem interessanten psychologischen Experiment: Wissenschaftler hatten wilde Ratten in einen mit Wasser gefüllten Zylinder gesetzt. Die Ratten schwammen einige Minuten aufgeregt im Zylinder umher, bis sie erschöpft zu Boden sanken. Daraufhin machten die Wissenschaftler ein zweites Experiment. Wieder setzten sie wilde Ratten in den Zylinder. Doch dieses Mal bot man den erschöpften Ratten eine Leiter an, so dass sie dem Wasser entrinnen konnten. Als man genau diese Ratten später wieder in den mit Wasser gefüllten Zylinder steckte, passierte etwas ganz Erstaunliches. Obwohl man den Ratten diesmal keine Leiter anbot, schwammen sie viel länger als die Ratten im ersten Experiment. Dr. Peseschkian ließ uns raten, wie lange die Ratten wohl schwammen. Und wahrscheinlich werden auch Sie, liebe Leser, überrascht sein: Die Ratten, denen man im vorhergehenden Experiment die Leiter angeboten hatte, schwammen mehr als 82 Stunden im Zylinder. Warum? Weil sie Hoffnung hatten. Die Hoffnung, entrinnen zu können, gab ihnen die Kraft auszuharren. Die Hoffnung motivierte sie.

Doch nicht nur der Glaube an uns selbst, sondern auch der Glaube an die Fähigkeiten der anderen ist von großer Bedeutung. Denn nur, wenn Sie an die Fähigkeiten der anderen glauben, können Sie sie motivieren. Als Führungskraft ist es besonders wichtig, dass Sie sich über Ihr Menschenbild im Klaren sind, denn Ihre Motivationsfähigkeit und der Erfolg Ihrer Führungstätigkeit werden sehr stark davon abhängen, ob Sie Menschen grundsätzlich durch die Negativ- oder die Positiv-Brille betrachten.

Das negativ orientierte Menschenbild sagt:

Der Mensch hat eine angeborene Abneigung gegen Arbeit und vermeidet sie, wo er nur kann. Aus diesem Grund müssen Mitarbeiter kontrolliert und unter Androhung von Strafe gezwungen werden, einen produktiven

Beitrag zur Erreichung der Unternehmensziele zu leisten. Der Mensch will, dass ihm jemand sagt, was er zu tun hat, er vermeidet Verantwortung, hat wenig Ehrgeiz und hat als höchste Ziele Sicherheit und Bequemlichkeit. Zudem verändern Menschen sich nicht.

Mit einem negativen Bild des Menschen werden Sie mit Ihren Führungs- und Motivationsbestrebungen nicht sehr weit kommen – wir erinnern wieder an die Liste der 33 Motivationskiller. Einige der häufigsten Motivationskiller wachsen und gedeihen auf einem negativen Menschenbild ganz prächtig, zum Beispiel ein geringer Handlungsspielraum oder permanente Entmutigung, negative Kritik und Mobbing.

Das positiv orientierte Menschenbild sagt:

Der Mensch strebt danach, sich zu beschäftigen. Arbeit und ihm sinnvoll erscheinende Aufgaben sind eine wichtige Quelle seiner Zufriedenheit. Ein Mensch, der sich mit den Zielen seines Unternehmens identifiziert, braucht keine externe Kontrolle. Er weiß, was er zu tun hat, und wird ausreichend Selbstkontrolle und Eigeninitiative entwickeln. Seine wichtigsten Arbeitsanreize sind die Befriedigung der Sinnsuche und das Streben nach Selbstverwirklichung. So ein Mensch entwickelt sich ein Leben lang weiter und ist niemals Sklave seiner Vergangenheit oder Herkunft.

Eine Führungskraft, die ihre Mitarbeiter durch diese Brille sieht, wird nicht nur unglaublich viele Potenziale in den Menschen erkennen, sondern auch in der Lage sein, diese Potenziale zu erschließen.

Diese beiden Sichtweisen haben ihren Niederschlag in einer Managementtheorie gefunden, die erstmals 1960 von Douglas McGregor, Professor für Management am Massachusetts Institute of Technology (MIT), USA, in seinem Werk „The Human Side of Enterprise" ausformuliert wurde. Das negative Menschenbild wird demnach in der „Theorie X" repräsentiert, das positive in der „Theorie Y".

Hören Sie besonders aufmerksam auf die verwendete Sprache und die Begriffe, die in Ihrer Umgebung, zum Beispiel in Ihrem Unternehmen verwendet werden. In Umfeldern, in denen die Theorie X dominiert, werden Sie eher Begriffe finden wie Vorgesetzter, Anweisung, Anordnung, Vorschrift, Verbot, Regel, Pflicht, Kontrolle, Disziplin, Vergehen, Strafe. In Unternehmen, die eher die Theorie Y leben, spricht man von Mitarbeiter, Aufgaben, Kompetenz, Verantwortung, Vereinbarung. Theorie X steht für Zentralisierung, Hierarchie, Kontrolle, Theorie Y für Dezentralisierung, gemeinsame Entscheidungen, Delegieren von Verantwortung.

Dementsprechend gestaltet sich auch die Führungskultur und die Motivation. Vertreter der Theorie X gehen davon aus, dass Mitarbeiter vor allem mit Geld motiviert werden können. Sie führen autoritär und kontrollierend und wenn etwas schiefläuft, wird die Verantwortung beim Mitarbeiter gesucht anstatt die Prozesse im Unternehmen auf Verbesserungsmöglichkeiten abzuklopfen. Anhänger der Theorie Y sehen die Hauptmotivation ihrer Mitarbeiter darin, dass diese gute Arbeit leisten möchten, und stellen ihnen die entsprechenden Mittel zur Verfügung. Solche Führungskräfte kümmern sich darum, dass ihre Mitarbeiter in einem produktiven Arbeitsklima mit Freude ihre Leistung bringen können.

Aufgabe

Haben Sie sich schon einmal ehrlich gefragt, welches Menschenbild Sie haben? Welche positiven oder negativen Vorurteile prägen Ihre Haltung zu anderen? In welche Klischees pressen Sie die Menschen? Wie beurteilen Sie sie? Achten Sie in nächster Zeit bewusst auf Ihre Gedanken und auf Ihre Worte, wenn Sie über andere Menschen nachdenken oder sprechen. Achten Sie auch darauf, wie andere über Menschen sprechen, wie in den Medien über unterschiedliche gesellschaftliche Gruppierungen gesprochen wird und wie Sie davon beeinflusst werden.

Erfolgsorientierung statt Misserfolgsorientierung

Viele Menschen lassen sich von einem Fehler oder Misserfolg von jeder weiteren Initiative, von jedem weiteren Versuch abhalten. Die Angst vor einem erneuten Misserfolg ist so groß, dass sie aufgeben. Leider sind Fehler oder das Scheitern in unserer Kultur fast ausschließlich negativ besetzt und wir lernen auch nicht, konstruktiv damit umzugehen. Dass Fehler und Scheitern sehr viel Lernpotenzial in sich bergen, ist zwar logisch nachvollziehbar, aber nur sehr selbstbewusste Menschen mit viel Selbstvertrauen können dieses Lernpotenzial auch wirklich nützen. Die anderen tun lieber nichts. So können sie sich auch nicht bloßstellen und werden nicht kritisiert. Die Strategie geht oberflächlich betrachtet auf, denn künftig werden Misserfolge ausbleiben – aber was in jedem Fall auch ausbleibt, ist der Erfolg.

Misserfolg kann zu Demotivation führen, ja, ein richtiger Motivationskiller sein. Dabei scheitert der Erfolg meist nicht am Ergebnis selbst, sondern an der falschen Einstellung zum Ergebnis, wie das folgende Beispiel zeigt:

Manfred R. verkauft Frankiermaschinen. Er mag seinen Beruf. Im Durchschnitt verkauft er 15 Maschinen im Monat. Einmal, in einem richtig guten Monat, hat er sogar 28 Maschinen verkauft. Auf die Frage, wie er das geschafft habe, antwortet er spontan: „Oh, ich habe einfach Glück gehabt!" Gefeiert hat er diesen Erfolg nie, denn schließlich war es ja nichts Besonderes.

Die Firma, für die Manfred R. arbeitet, schreibt einen Wettbewerb aus. Manfred R. möchten diesen natürlich gern gewinnen und nimmt sich vor, im Mai über 50 Frankiermaschinen zu verkaufen. Schließlich hat das sein Kollege Rainer P. ja auch schon mal geschafft!

Ende des Monats hat er 21 Maschinen verkauft. Er ist sehr von sich enttäuscht und fühlt sich wie der größte Versager. Niedergeschlagen und völlig demotiviert schleppt er sich im darauffolgenden Monat nur mühsam zu seinen Kunden. Ende Juni hat er schließlich nur acht Maschinen verkauft.

Was ist hier schiefgelaufen?

1. Manfred R. hat sich ein unrealistisches Ziel gesetzt. Er hat sich eine zu schwere Aufgabe gestellt.

2. Manfred R. wendet falsche Erklärungsmuster an. Den eigenen Erfolg (28 Maschinen in einem Monat) erklärt er sich mit Glück oder der Leichtigkeit der Aufgabe. Den eigene Misserfolg („nur" 21 Maschinen) erklärt sich mit einem Mangel an Fähigkeiten oder Unfähigkeit. Dass er durchschnittlich 15 Maschinen pro Monat verkauft und sechs Maschinen über seinem Durchschnitt liegt, sieht er in seiner Enttäuschung gar nicht.

3. Die negative emotionale Reaktion angesichts des „Misserfolgs" ist viel stärker als die Freude und der Stolz über den persönlichen Erfolg.

4. Der Vergleich mit anderen – dem Kollegen, der schon einmal 50 Maschinen im Monat verkauft hat – ist ein besonders starker Motivationskiller. Manfred R. übersieht dabei vollkommen, wie groß seine eigenen Fortschritte im Vergleich zu seinen „durchschnittlichen" Monaten sind.

Besser wäre,

- sich große, aber realistischere Ziele zu setzen;
- den Zusammenhang zwischen eigener Anstrengung und Erfolg zu erkennen;
- sich nicht mit anderen zu vergleichen;
- bewusst Freude und Stolz bezüglich des Erfolgs zu erleben und seine Erfolge zu feiern.

Gefährlich am scheinbaren „Misserfolg" ist nicht der Misserfolg selbst, sondern die damit einhergehende Verunsicherung. Sie blockiert und man verliert das Vertrauen in sich selbst und den Glauben an seine Ziele. Dabei ist es weniger schlimm, seine Ziele nicht zu erreichen, als gar keine Ziele zu haben! Zu seinen Fehlern und Misserfolgen zu stehen erfordert aber genau das Gegenteil, nämlich Mut. Diesen Mut baut man dann auf, wenn man sich über die Botschaften, die in einem Misserfolg stecken, klar wird. Denn wie ein Erfolg ist auch ein Misserfolg immer das Ergebnis unseres Verhaltens – im ersten Fall unseres richtigen Verhaltens, im zweiten Fall war das Verhalten offensichtlich nicht richtig.

Was können Sie aber nun aus Ihrem Misserfolg herausholen, um es künftig besser zu machen? Mit der folgenden Übung können Sie Misserfolge, aber auch andere Probleme, aus einem anderen Blickwinkel als jenem des Misserfolgs betrachten und herausfinden, was Sie künftig anders machen können.

Aufgabe

Viele Probleme lassen sich in Teilprobleme aufspalten und verlieren dadurch ihr Gewicht. Denken Sie an drei Situationen in der letzten Zeit, die Sie als Misserfolg betrachtet haben. Notieren Sie diese drei Situationen und fragen Sie sich:

- Was habe ich gut bzw. richtig gemacht?
- Was hätte ich (mit welchen Fähigkeiten oder Eigenschaften) besser machen können?
- Wie mache ich es beim nächsten Mal besser?

Ein Misserfolg wird nie durch einen Faktor allein verursacht. Überlegen Sie sich also im nächsten Schritt die möglichen Ursachen, bis Sie zum Kern des Problems kommen.

Denken Sie daran: In jedem Problem liegt der Ansatz einer Lösung verborgen. Und da Erfolge nichts anderes sind als gelöste Probleme, sind Sie auf dem besten Weg, aus Ihrem Misserfolg zu lernen und beim nächsten Mal erfolgreich zu sein.

- Was habe ich aus dieser Situation gelernt?
- Inwiefern bin ich daran gereift?
- Wie würde ich reagieren, wenn mir morgen das Gleiche noch mal passieren würde?

Misserfolge sind Warnsignale, die uns Hinweise geben, wo wir etwas verändern müssen. Sie sind kein Grund, aufzugeben! Mit dieser Übung erkennen Sie die Potenziale, die in jedem Misserfolg liegen, und Sie finden Ansatzpunkte zur Veränderung, die Sie beim nächsten Mal einsetzen können. Ihre Einstellung zum Misserfolg bekommt dadurch eine ganz neue Richtung, weg vom Gefühl des Scheiterns, hin zum Lernen für die Zukunft.

Der nächste Schritt in Richtung einer echten Erfolgsorientierung ist, die eigenen Erfolge auf ähnliche Weise zu untersuchen. Sie kommen dann weg von der Meinung, Sie hätten „nur" Glück gehabt, und finden heraus, welchen Anteil am Erfolg Ihr richtiges Verhalten hat. Denn Erfolg wie Misserfolg sind immer das Ergebnis unseres Verhaltens und nicht davon, ob jemand Glück/Unglück hat oder das Schicksal es gut oder schlecht mit einem meint. Und wenn Erfolg das Ergebnis unseres Verhaltens ist, ist es unbedingt notwendig, seine eigenen positiven und negativen Verhaltensweisen zu erkennen. Da das nicht immer leicht ist und man überdies dazu neigt, bei sich immer nur die schlechten Verhaltensweisen zu beachten, bietet es sich zum Einstieg an, das Verhalten anderer zu beobachten und zu analysieren, und erst später das eigene Verhalten genauer unter die Lupe zu nehmen. Studieren Sie also das Verhalten erfolgreicher Menschen, so lernen Sie von den Besten und davon, wie sie ihre Stärken nutzen.

Aufgabe

Notieren Sie die Namen von fünf Menschen – aus Politik, Wirtschaft, Sport oder aus Ihrem persönlichen Umfeld – und denken Sie darüber nach, was den Erfolg dieser Menschen ausmacht. Was haben sie richtig gemacht, was ist die Grundlage für ihren Erfolg, wie gehen sie mit Misserfolg um, wie stellen sie sich in der Öffentlichkeit dar, was sagen anderen über sie? Sammeln Sie so viele Informationen wie möglich.

Für etwas sein statt gegen etwas sein

Auf dem Weg zum Erfolg lauert nicht nur die Demotivation durch eine falsche Einstellung zum Misserfolg oder ein negatives Bild von sich und

Ihren Mitmenschen. Viele kommen gar nicht soweit, sich durch „negative Leistungsmotivation" per Misserfolg von ihren Zielen abbringen zu lassen, sondern sie werden schon viel früher ausgebremst. Und zwar von einem kleinen, aber umso mächtigeren Wort, das eine unglaublich große Wirkung hat: das Nein. Nein bedeutet Ablehnung, bedeutet Widerstand. Und nichts steht der Motivation und dem Erfolg mehr im Weg wie innere und äußere Widerstände.

Das Nein kann in unzähligen Verkleidungen daherkommen: als Schuldgefühl, als Minderwertigkeitsgefühl, als Zweifel, als Selbstkritik, als Angst, als negatives Denken über sich und die Welt, als falscher Glaubenssatz. Schauen Sie sich die Liste der 33 Motivationskiller noch einmal an und das Nein wird Ihnen aus vielen der Beschreibungen entgegen tönen. Aber auch im Alltag hören wir es oft: Das geht nicht! So haben wir das noch nie gemacht! So ein Unsinn! Das bringt doch nichts! Das wird nie funktionieren!

Ein Nein kann überall lauern. Widerstände aller Art torpedieren den Erfolg von außen – aber auch von innen. „Das kannst du nicht", hört das kleine Kind schon früh und wenn es nie dafür gelobt wird, dass es etwas gut gemacht hat, wird es mit diesem Glauben aufwachsen und der äußere Widerstand wird zu einem inneren Widerstand, der den erwachsenen Menschen blockiert und am Fortkommen hindert. Das Nein zieht sich dann durch sein ganzes Leben und jede Anforderung von außen, die auf eine Veränderung abzielt oder Unbekanntes, Neues mit sich bringt, löst Ängste aus – und Widerstand. Die Probleme werden so aber nicht gelöst. Nicht die persönlichen und nicht die der Welt. Daher: Lassen Sie kein „Nein" in sich hinein. Denn das Nein ist der Ausschalter für jede Innovation und Weiterentwicklung. Deshalb ist es so wichtig, dass Sie Ihre inneren Widerstände überwinden. Die inneren Widerstände wie Pessimismus, Bedenken, Zweifel und Ängste schränken Ihre Energie ein, die Sie brauchen, um mit äußeren Widerständen – durch Vorgesetzte, Kunden, Partner, die schlechte Wirtschaftslage oder Probleme im Unternehmen, aber auch durch Krankheit oder persönliche Schicksalsschläge – zurecht-zukommen. Der ständige Kampf gegen die inneren Widerstände schwächt Ihre eigene Position. Haben Sie dagegen die Sicherheit, dass Sie können, was Sie wollen, müssen Sie sich nicht mehr auf Ihr persönliches Funktio-nieren konzentrieren, sondern können Ihre Konzentration auf die äußeren Widerstände richten.

Im folgenden finden Sie eine Liste von 21 typischen „Nein"-Program-mierungen, die in Unternehmen oft vorkommen. Schauen Sie sich die Aus-sagen genau an: Sind es wirklich nur äußere Widerstände oder haben Sie diese Neins bereits als Blockaden in Ihrem Inneren abgespeichert?

21 typische „Nein"-Botschaften in Unternehmen

1. So haben wir das noch nie gemacht.
2. Das geht nicht.
3. Das haben wir schon versucht.
4. Dazu bin ich jetzt noch nicht in der Lage.
5. Alles graue Theorie.
6. Darüber lässt sich ein andermal reden.
7. Man weiß doch, dass sich das nicht einfach machen lässt.
8. Warten wir erst einmal die weitere Entwicklung ab.
9. Bei mir geht das einfach nicht.
10. Alles Quatsch!
11. Klingt ja ganz gut, aber ich glaube nicht, dass das wirkt.
12. Das wächst mir über den Kopf.
13. Später.
14. Zu spät!
15. Das bringt doch nichts!
16. Meine Mitarbeiter werden da nicht mitmachen.
17. Warum etwas Neues? Der Umsatz steigt doch laufend.
18. Technisch undurchführbar!
19. Damit muss sich ein Ausschuss beschäftigen.

20. Der Betrieb ist für so etwas viel zu klein.
21. Viel zu teuer!

Kommt Ihnen das bekannt vor? Einiges davon kann sich bei häufiger Anwendung zum echten Motivationskiller auswachsen.

Aufgabe

Lesen Sie sich die Nein-Botschaften noch einmal Wort für Wort durch und überlegen Sie, welche davon Sie schon einmal gehört oder selbst schon gedacht oder angewendet haben. Was haben Sie dabei empfunden? Kreuzen Sie die betreffenden Botschaften an und formulieren Sie auf einem Blatt Papier die Nein-Aussage in eine Ja-Botschaft um. Beispiel:

Nein-Botschaft: So haben wir das noch nie gemacht.

Ja-Botschaft: Das haben wir zwar noch nie gemacht, aber das probieren wir jetzt einmal aus. Und vielleicht machen wir es dann immer so.

Ablehnung vernichtet Lebenskraft, Zustimmung aktiviert Kräfte

Die Philosophie des erfolgreichen Wegs basiert auf dem Gedanken, dass das Positive das Negative überwindet. Die Nein-Haltung, die uns reflexartig auf alles, was auf uns zukommt, ablehnend reagieren lässt, ist ein Energieräuber, der Lebenskraft vernichtet. Leider spüren viele Menschen ihre Energie nur, wenn sie gegen das Negative in ihrem Leben kämpfen. Wir wollen es nicht beschönigen: Das Leben ist ein Kampf. Es sollte aber nicht ein Kampf gegen das Negative, sondern ein Kampf für das Positive sein. Viele Menschen wissen, was sie alles nicht wollen und was sie ablehnen, aber sie wissen nicht, was sie wollen. Dies zu wissen ist aber eine wichtige Grundlage für Motivation.

Probleme wird es immer geben, und positives Denken heißt nicht, dass wir so tun sollen, als gäbe es sie nicht. Leider wird der Begriff „positives Denken" oft dahingehend falsch verstanden. Wir ziehen daher die Definition „aufbauendes" oder „konstruktives Denken" vor. Nehmen wir die Angst: Wenn Angst zerstörerisch ist, dann ist Angstfreiheit aufbauend. Wenn Hemmungen destruktiv sind, dann ist Selbstbewusstsein konstruktiv. Der daraus folgende Schluss: Angstfreiheit und Selbstbewusstsein sind aufbauend. Wer wollte das bestreiten? Die Probleme sind damit nicht aus der Welt geschafft, aber wer frei von Angst und selbstbewusst ist, wird sie aktiv angehen und mutig nach Lösungen suchen. Für jedes Problem lässt sich auf diese Weise ein positives Gegenteil finden, das das Problem in einem ganz anderen Licht erscheinen lässt. Und jeder kann seine Probleme in etwas Positives verwandeln – auch Sie!

Erfolgreich sein heißt aber nicht nur, die eigenen Probleme zu lösen, sondern auch die Probleme anderer. Nicht ohne Grund ist ein Prinzip in der Philosophie des erfolgreichen Wegs, dass man immer danach trachten sollte, für andere Menschen etwas zu tun, ihnen einen Nutzen zu bringen. Eine Ärztin sieht ihre Aufgabe darin, die Menschen gesund zu machen, ein Rechtsanwalt will seinen Mandanten zu ihrem Recht verhelfen, eine Schriftstellerin möchte ihre Leser unterhalten oder zum Nachdenken anregen, ein Gärtner will die Menschen mit schönen Rosen im Park erfreuen, der Pilot will die Passagiere gut ans Ziel bringen – Sie finden sicher noch tausend andere Beispiele für Aufgaben, die sich die Menschen mit ihren Berufen und Berufungen stellen. Und jeder dieser Menschen hat jeden Tag mit Problemen zu kämpfen, doch sie haben sich die Problemlösung zu ihrer Aufgabe gemacht.

Ablehnung vernichtet Kräfte, Zustimmung aktiviert Kräfte, lässt das unmöglich Erscheinende möglich werden. Menschen, die das erkennen, sind zu Großem fähig. Schauen Sie einmal hinter die großen Leistungen in Politik, Wirtschaft, Wissenschaft, Technik, Kultur oder Gesellschaft, und Sie werden dieses Prinzip immer wieder finden. Der erste Schritt dazu beginnt im Inneren jedes Menschen. Das gewohnheitsmäßige „Nein, unmöglich" in ein „Vielleicht" und dann in ein begeistertes und begeisterndes „Ja" zu verwandeln, ist eine der lohnendsten Herausforderungen, der sich ein Mensch stellen kann. Doch auch im Unternehmensalltag finden sich viele Möglichkeiten, dieses Prinzip anzuwenden, angefangen von der Beschwerde des Kunden, die man als Anlass nehmen kann, die Kundenzufriedenheit zu stärken, über die Absatzschwierigkeiten, die man als Hinweis dafür nimmt, neue Produkte und Dienstleistungen zu entwickeln. Bis hin zur Frage, ob man sich mit Lieferanten, die man bisher durch harte Preisverhandlungen gegeneinander ausgespielt hat, nicht besser an einen Tisch setzen und partnerschaftlich über die gemeinsame Zukunft sprechen sollte, von der alle profitieren.

So schafft man Werte und erzeugt Wertschätzung. Und dies selbst in Bereichen, die man üblicherweise lieber verdrängt oder für die man sich zumindest nicht verantwortlich fühlt. Ein besonders eindrucksvolles Beispiel für eine solche Verwandlung des Negativen, das jeder gern verdrängt, in Wertschöpfung im besten Sinne ist Mutter Teresa.

Mutter Teresa: Nächstenliebe im Spannungsfeld von Widerständen

Mutter Teresa, geboren 1910 im Gebiet des heutigen Mazedonien, entstammte einer wohlhabenden katholischen Familie und wurde sehr religiös erzogen. Bereits mit zwölf Jahren entschloss sie sich, Nonne zu werden, und trat im Alter von 18 Jahren in den Orden der Loretoschwestern ein. Bald wurde sie in die indische Stadt Kalkutta entsandt, wo sie als Lehrerin und später Direktorin an einer Schule arbeitete. 1946 empfing sie auf einer Fahrt durch Kalkutta die göttliche Berufung, den Ärmsten der Armen zu dienen. Zwei Jahre später durfte sie den Orden verlassen, ohne ihren Stand als Ordensschwester aufgeben zu müssen, und wirkte ab da als Einzelperson in Kalkutta, bis sie 1950 den Orden der Missionarinnen der Nächstenliebe gründete. Der Orden – heute sind es über 3.000 Schwester und über 500 Brüder in 700 Häusern auf der ganzen Welt – kümmert sich besonders um Waisen, Kranke und Sterbende, ein besonderer Schwerpunkt aber lag von Beginn an in der Betreuung von Leprakranken, einer Gruppe von Menschen, die von der Gesellschaft sehr stark ausgegrenzt wurde und wird. 1979 wurde Mutter Teresa mit dem Friedensnobelpreis ausgezeichnet. Sie starb 1997 in Kalkutta und wurde 2003 selig gesprochen. Das Leben und Wirken von Mutter Teresa war von vielen Widerständen geprägt – inneren wie äußeren. So befand sie sich viele Jahre ihres Lebens in einer Glaubenskrise, wie aus ihren 2007 veröffentlichten Tagebüchern hervorgeht. Ihre Zweifel an der Existenz Gottes ließen sie auch immer wieder am Sinn ihrer Tätigkeit zweifeln. Die Widerstände von außen manifestierten sich in Kritik an ihrer konservativen Weltanschauung, besonders an ihrer Ablehnung der Abtreibung als „Bedrohung für den Weltfrieden", und in Kritik an der vermeintlich mangelnden medizinischen Ausbildung ihrer Mitarbeiter und der fehlenden Transparenz bezüglich des Umgangs mit Spendengeldern. Mit ihrer Entschlossenheit und ihrer Selbstlosigkeit hat sie sich jedoch Gehör bei den Menschen verschafft und jede Möglichkeit genützt, um das „Unternehmen", das der Orden in gewisser Weise darstellt, mit den nötigen Mitteln für seine Hilfstätigkeit zu versorgen. In dem Spannungsfeld zwischen inneren und äußeren Widerständen und den realen täglichen Anforderungen der Arbeit in den Slums dieser Welt hat Mutter Teresa sich in aller Bescheidenheit an die Elite dieser Welt gewandt und der Armut ein Gesicht gegeben. Mit ihrer schlichten Ordenstracht und ihrem bescheidenen, liebevollen Gesichtsausdruck wurde sie zu einer Persönlichkeit, zu einer Ikone und Marke, die für Nächstenliebe stand und steht. Die Prinzipien hinter dem Erfolg von Mutter Teresa lassen sich auch in die Unternehmenswelt übertragen. Ruma Bose und Lou Faust haben in ihrem im Juli 2011 in den USA erschienenen Buch „Mutter Teresa, CEO" die Leitgedanken herausgearbeitet, mit denen Mutter Teresa das Unmögliche, das Negative, die Widerstände in Chancen und Möglichkeiten verwandelte. Wir haben die wichtigsten Punkte für Sie übersetzt:

- Haben Sie einfache Träume, sprechen Sie von ihnen mit Inbrunst.
- Um zu den Engeln zu gelangen, muss man sich dem Teufel stellen.
- Warten Sie ab! Und dann wählen Sie den entscheidenden Moment.
- Nutzen Sie die Macht des Zweifels.
- Entdecken Sie die Freude an der Disziplin.
- Sprechen Sie in einer Sprache, die die Menschen verstehen.
- Nutzen Sie die Macht der Stille.
- Sie müssen kein Heiliger sein.

An der Person von Mutter Teresa zeigt sich besonders gut, wie Widerstände im Inneren und von außen dazu genützt werden können, außergewöhnliche Erfolge zu erzielen. Voraussetzung dafür ist, sich diesen Widerständen zu stellen und sie als Herausforderung anzunehmen und so Probleme in Lösungen zu verwandeln. Damit gewinnen Sie eine positive, motivierende Grundhaltung, in der die Einstellung zu Problemen sich auf das Potenzial zur Weiterentwicklung konzentriert. Sie und Ihre Mitmenschen können dann gar nicht anders, als aktiv anzupacken und andere mitzureißen.

Die Kraft der Begeisterung

Ich betrachte meine Fähigkeit, die Menschen zu begeistern, als meinen größten Vorteil.

Charles M. Schwab (1862–1939),
amerikan. Industrieller

Motivation ist die Fähigkeit, bei sich selbst und bei anderen Leistungsreserven zu mobilisieren. Die wichtigste Form von Energie, die hinter der Motivation steckt, ist die Begeisterung. Sie treibt uns an, sie motiviert uns, sie lässt in uns ungeahnte Fähigkeiten und Kräfte entstehen. Die Begeisterung füllt unsere Visionen, Ziele und Ideen mit Leben. Begeisterung geht einher mit Überzeugung, mit dem Glauben an sich selbst, mit dem Bekenntnis zu einer Aufgabe. In Verbindung mit Willensstärke ist Begeisterung der Schlüssel zu großem Erfolg.

15 Gründe, warum Begeisterung so unglaublich motivierend wirkt

Begeisterung ist die Kraft, die alles möglich macht. Begeisterte Menschen sind motiviert und sie können andere motivieren. Doch warum wirkt Begeisterung so motivierend?

1. Begeisterung ist Glaube an die eigenen Fähigkeiten.

Selbstmotivation ist nicht vom Glauben an die eigenen Fähigkeiten zu trennen. Ein begeisterter Mensch glaubt an seine Ziele. Ein entschlossener Mensch, der an sich glaubt, ist im wahrsten Sinne des Wortes „glaubwürdig". Und er spricht die Menschen über den Verstand *und* über die Gefühle an. Er spricht über seine Visionen und Ziele so, dass die anderen ihm gern zuhören.

2. Begeisterung macht aktiv.

Ein Mensch, der von seinen Zielen begeistert ist, gibt sich selbst, aber auch anderen den Mut, sich an große Aufgaben zu wagen. Sogar an Aufgaben, die auf den ersten Blick aussehen, als wären sie nicht durchführbar.

3. Begeisterung hilft durchzuhalten, die Ziele zu erreichen.

Auch wenn der Weg manchmal anstrengend ist oder es mal langsamer vorangeht: Begeisterung hilft dabei, durchzuhalten und Ziele zu erreichen. Selbst Rückschläge können mit einer begeisterten Grundhaltung verkraftet werden, denn motivierte Menschen lernen daraus und machen es beim nächsten Mal besser.

4. Begeisterung verändert das Leben.

Begeisterte Menschen verfolgen ihre Ziele aktiv und motivieren auch andere dazu, an der Verwirklichung ihrer Visionen und Ideen zu arbeiten. Begeisterung bewirkt also etwas, mit ihr werden Gedanken in die Tat umgesetzt, Immaterielles verwandelt sich in sichtbare und greifbare Ergebnisse.

5. Begeisterung überwindet das Negative.

Mit Begeisterung wird aus positiven Impulsen etwas Neues geschaffen. Sie hilft dabei, Chancen und Lösungen zu erkennen und so Probleme zu überwinden und Herausforderungen zu bewältigen.

6. Begeisterung zieht an und macht attraktiv.

Ein begeisterter, motivierter Mensch hat eine positive Ausstrahlung, die andere Menschen anzieht.

7. Begeisterung vergrößert Begeisterung.

Wer von einer Sache begeistert ist, wird anderen davon erzählen, sie mitreißen, sie motivieren, sich ebenfalls dafür zu interessieren oder einzusetzen. Die Begeisterung für Ideen und Visionen wirkt ansteckend und bewegt andere, sich ebenfalls für Ihre Ziele einzusetzen.

8. Begeisterung ist der Schlüssel, der Ihnen Türen öffnet.

Wer ist auf Dauer erfolgreicher? Der bierernste Fachmann oder der Mensch, der von einer Idee begeistert ist und seine Begeisterung auch zeigt? Begeisterung wird immer überzeugender sein als reines Fachwissen, denn sie spricht die Menschen über ihre Emotionen an. Und das öffnet die Herzen – und die Türen!

9. Begeisterung reißt Menschen mit.

Das beste Mittel, um Teams zusammenzuschweißen, ist Begeisterung. Wirklich große Ziele können nur in der Gruppe erreicht werden, und

Gruppen brauchen Führung. Wer begeistern kann, verfügt über die nötige natürliche Autorität, um das Team zum Erfolg zu führen.

10. Begeisterung zeigt Ihre Persönlichkeit.

Wer sich mit Begeisterung für eine Sache, ein Ziel einsetzt, zeigt seinen wahren Charakter, denn echte Begeisterung kommt vom Herzen und kann nicht gespielt werden.

11. Wer andere Menschen begeistern kann, der kann auf Zwang verzichten, denn ihm werden die Menschen gern und freiwillig folgen.

Begeisterung überzeugt und Überzeugung begeistert. Wer andere von seinen Visionen und Zielen überzeugt, wird viele Menschen dazu motivieren, sich diesen Zielen anzuschließen. Und je mehr Menschen sich für eine Sache begeistern, desto mehr positive Energie entsteht und desto schneller kommen sie an ihr Ziel.

12. Begeisterung ist wie ein Schneeball.

Mit jedem Menschen, der sich von der Begeisterung anstecken lässt, wird sie größer – wie aus einem kleinen Schneeball eine Lawine werden kann. Und so ist es auch mit der Motivation. Sie wird immer stärker, je mehr positive Energie entsteht.

13. Begeisterung lässt keine Langeweile aufkommen.

Dienst nach Vorschrift? Däumchen drehen bis zum Feierabend? Aussitzen bis zur Rente? Begeisterung lässt solchen Verhaltensformen keine Chance. Der von einer Sache begeisterte Mensch hat einen inneren Antriebsmotor. Er wird nicht müde, sein Ziel zu verfolgen. Das heißt nicht, dass er keine Pause einlegt, aber er weiß sie für seine Regeneration zu nutzen und genießt sie. Und er gibt sein inneres Engagement auch nicht am Feierabend beim Portier ab, sondern er trägt seine Begeisterung immer im Herzen.

14. Begeisterung verleiht Ihnen Glanz.

Begeisterung verstärkt Ihre Ausstrahlung. Die Augen, die Körperhaltung, die Gesten – alles spricht eine deutliche Sprache. Ein motivierter Mensch hat eine offene und aufrechte Haltung, die sagt: Ich bin bereit, meine Ziele zu erreichen, und das strahle ich mit jeder Faser meines Körpers aus. Ein begeisterter Mensch hebt sich von der Masse ab, er überstrahlt sie buchstäblich.

15. Begeisterung ist wie der Venusstern: klar, hell, deutlich sichtbar.

Das Leuchten in den Augen, das strahlende Lächeln, das offene, herzliche Zugehen auf andere, die klare Botschaft: Ich habe eine Vision, ich habe ein Ziel, und ich möchte euch dafür gewinnen, mit mir dafür zu kämpfen – das ist Motivation pur, der Leitstern, der die Menschen zu führen vermag.

Die Quelle der Begeisterung

Woher kommt die Begeisterung? Was ist das, was uns motiviert, was die Motivation zu einem so unglaublich wirkungsvollen, machtvollen Instrument macht? Begeisterung und die Fähigkeit, andere zu begeistern, kann man lernen. Was man dazu braucht, ist eine positive Grundhaltung und die Fähigkeit, Freude zu empfinden und Interesse zu entwickeln. Es gibt so vieles, an dem man seine Begeisterungsfähigkeit trainieren kann, ein schönes Gemälde, ein Musikstück, eine beeindruckende Landschaft. Aber auch im Alltag gibt es vieles, was wert ist, entdeckt zu werden, aus einem neuen Blickwinkel betrachtet zu werden, in seiner Vollkommenheit geschätzt zu werden: das Lachen eines Kindes, die Gelassenheit einer Katze, eine schöne Blüte, ein gutes Glas Wein. Die Schulung der Begeisterungsfähigkeit eröffnet uns ganz neue emotionale Welten, bringt uns Glücksgefühle und motiviert uns, in all unsere Handlungen eine nie gekannte Vollkommenheit zu bringen. Diese positive Grundhaltung verschafft uns Seelenruhe, vertieft unser Selbstbewusstsein und macht Mut.

Begeisterung ist darüber hinaus eines: Sie ist ehrlich. Begeisterung kann auf Dauer nicht vorgetäuscht werden, Begeisterung, die nicht aus dem Herzen kommt, wirkt nicht, erzeugt keinen Funken, der überspringen könnte. Die Energie der Begeisterung muss aus unserem Inneren kommen, spontan und kraftvoll.

Aufgabe

Wer begeistern will, muss begeistert sein

Mit dieser Übung aktivieren Sie Ihr „Begeisterungs-Gedächtnis": Setzen Sie sich hin und suchen Sie in Ihrer Erinnerung nach Erlebnissen und Erfahrungen in Ihrem Leben, die Sie begeistert haben oder begeistern. Gibt es auch in Ihrem Beruf solche begeisternden Erlebnisse? Denken Sie nach und schreiben Sie anschließend sieben Erfahrungen oder Erlebnisse auf, die Sie in Begeisterung versetzt haben oder versetzen können.

Die höchste Form der Begeisterung: Liebe

Ihre Begeisterung hilft Ihnen dabei, Ihre Überzeugungen und Ziele zu erkennen. Einem verliebten Menschen muss man die Bedeutung dieser Aussage nicht erklären. Auch ein Mensch, der seine Arbeit liebt, weiß, was es heißt, von etwas begeistert zu sein.

Wer liebt, ist überzeugt. Er glaubt an das, was er liebt, sei es der geliebte Mensch oder seine Arbeit. Dieser Glaube ist bedingungslos und über jeden Zweifel erhaben, nichts kann ihn von seiner Überzeugung abbringen.

Wer liebt, hat große Ziele. Er weiß, was er erreichen möchte: mit dem geliebten Menschen eine Familie gründen, in seinem Beruf, auf seinem Gebiet die Nummer eins werden.

Liebe ist ein großer Motivator, sie treibt an, strebt nach Erfüllung. Liebe ist Begeisterung pur.

- Schauen Sie sich nun Ihre Liste mit den sieben Dingen, die Sie begeistern, noch einmal an. Wählen Sie jenen Punkt aus, der Ihnen für Ihre persönliche Weiterentwicklung am wichtigsten erscheint, und schreiben Sie ihn noch einmal klar und deutlich auf.
- Schreiben Sie nun drei Gründe auf, warum gerade dieser Punkt Sie so begeistert. Warum sind Sie davon so überzeugt?
- Erkennen Sie Ihr Ziel, das Sie mit diesem Punkt verbinden, und schreiben Sie es auf.
- Und nun der wichtigste Schritt zur Selbstmotivation: Schreiben Sie zehn Handlungen auf, die Sie Ihrem Ziel näherbringen.

Falls es Ihnen schwerfällt, auf Anhieb zehn Handlungen zu finden, denken Sie auch daran, wie Sie Ihren Partner/Ihre Partnerin, Ihre Mitarbeiter, Vorgesetzten oder Kunden für Ihr Ziel begeistern werden.

Die Kraft des Willens

Die zweite wichtige Grundlage für jeden Erfolg ist der Wille. Der Wille eines Menschen hat zwei Wurzeln: die Energie des Körpers und die Energie, die durch eine Entscheidung entsteht. Nur der Mensch hat, im Gegensatz zu Tieren und Pflanzen, die Freiheit, zu entscheiden, in welche Richtung er seine Energie lenkt. Jeder Mensch kann durch eine bewusste Entscheidung seine Energie in positive oder negative Kanäle fließen lassen. Er kann wachsen, in seiner Entwicklung stehen bleiben oder sogar zurückfallen. Er hat die freie Entscheidung:

- Will ich erfolgreich sein?
- Was ist mir wirklich wichtig?
- Welche Ziele setze ich mir?
- Will ich andere dabei unterstützen, erfolgreich zu sein?

An unsere persönliche Leistungsfähigkeit und an unseren Leistungswillen werden in der heutigen Zeit höchste Anforderungen gestellt. Wer erfolgreich sein will, wer besondere Erfolge erringen will, muss sich mit seiner ganzen Persönlichkeit dafür einsetzen. Alle großen Taten sind von Menschen erbracht worden, die einen besonders ausgeprägten Willen mitbrachten. Der Wille ist die Triebfeder aller erfolgreichen Menschen, der Motivator, der sie dazu antreibt, ihre Ziele zu erreichen. Talent allein reicht nicht aus, um Großes zu vollbringen, erst der Wille bringt die Fähigkeiten eines Menschen voll zum Erblühen.

Aufgabe

Wie stark ist Ihr Wille?

Nehmen Sie bitte ein Blatt Papier und einen Stift zur Hand und beantworten Sie folgende drei „W-Fragen":

1. Warum arbeiten Sie?

Die meisten Menschen antworten auf diese Frage: „Ich arbeite, um Geld zu verdienen." Doch Geld ist nur ein, wenn auch angenehmer, Nebeneffekt von Arbeit. Wer einen Sinn in seiner Arbeit erkennt, wer erkennt, welchen Nutzen er anderen mit seiner Tätigkeit bringt, wird Geld nie als Hauptgrund dafür sehen, warum er arbeitet. Der Grund, warum wir arbeiten, und unser Streben nach Wachstum hängen unmittelbar zusammen. Ohne Ziel gibt es kein Wollen. Je stärker die positive Zugkraft des Ziels ist, desto stärker ist das Wollen. Ein bestimmtes berufliches Ziel verlangt eine Reihe von Willenshandlungen. Diese müssen in voller Klarheit erfasst werden, wenn man seine berufliche Entwicklung nicht dem Zufall überlassen will.

Denken Sie daher bitte noch einmal intensiv über diesen Punkt nach und beantworten Sie die Frage noch einmal präzise und klar. Sie werden vielleicht Ihre erste Antwort ändern, das ist völlig in Ordnung: Warum arbeiten Sie?

2. Wofür arbeiten Sie?

Manche Menschen arbeiten, um sich ein großes Haus, ein großes Auto oder zwei Fernreisen pro Jahr leisten zu können. Andere wiederum arbeiten, um ihren Kindern ein schönes Erbe zu hinterlassen oder um ihnen das Studium zu finanzieren. Was aber ist wirklich Ihre persönliche Motivation? Was wollen Sie wirklich? Was spornt Sie an, was aktiviert Ihre Tatkraft? Entdecken Sie den Kern Ihrer inneren Antriebskraft: Was wollen Sie wirklich? Und nun beantworten Sie die Frage noch einmal: Wofür arbeiten Sie?

3. An welcher Aufgabe arbeiten Sie?

Was ist Ihre große Aufgabe, Ihre persönliche Herausforderung, an der Sie gerade arbeiten? Seit wann arbeiten Sie an dieser Aufgabe? Wie weit sind Sie bisher damit gekommen? Wie weit ist es noch bis zum Ziel? Schreiben Sie bitte auf, was Sie noch alles tun müssen, um Ihre Aufgabe zum Erfolg zu führen. Beantworten Sie dazu die oben gestellten Fragen. Schreiben Sie Ihr persönliches Erfolgsrezept auf. Schreiben Sie aber auch auf, was Sie möglicherweise hindert, warum Sie noch nicht so weit gekommen sind, wie Sie vielleicht vor hatten, was Ihnen schwerfällt.

Warum Willensstärke allein nicht reicht

Die täglichen Herausforderungen mit all seinen Kräften täglich über unzählige Stunden anzusteuern, erfordert Mühe, es ist anstrengend. Doch die Anstrengung und die Mühe müssen im richtigen Maß eingesetzt werden, um auch zum Ziel zu führen, denn Aktivität allein ist noch kein Hinweis auf eine erfolgsorientierte Persönlichkeit. So erreichen jene, die scheinbar am meisten tun, die hektisch von einer Aktivität zur nächsten hetzen und immer mehrere Dinge gleichzeitig erledigen wollen, oft die schlechtesten Ergebnisse. Dies ist ein Zeichen dafür, dass sie nicht so recht wissen, wohin sie wollen, oder aber dass sie sich unbewusst selbst sabotieren.

Wir können unseren Willen nicht zur Gänze selbst steuern, sondern nur den bewussten Willen, mit dem wir Entscheidungen treffen. Für die Umsetzung sind unsere Gewohnheiten zuständig und damit unser unbewusster Wille. Das Sprichwort „Der Weg zur Hölle ist gepflastert mit guten Vorsätzen" drückt sehr gut aus, wie der bewusste und der unbewusste Wille sich gegenseitig beeinflussen. Dabei ist die Kraft des bewussten Willens zehnmal stärker als der bewusste Wille. Wir handeln also nicht aufgrund unseres freien Willens, sondern der unbewusste Wille herrscht über unsere Realität. Das heißt: Wir werden von unseren Gewohnheiten gesteuert. Und damit wird auch klar, warum viele gute Vorsätze so rasch wieder versickern und wir sehr bald wieder in das alte Verhalten zurückfallen. Sich selbst und andere nachhaltig zu motivieren gelingt also nur, wenn Sie Gewohnheiten verändern können.

Nicht ohne Grund sprechen wir von der „Macht der Gewohnheit". Meist verwenden wir diese Aussage in ihrer negativen Bedeutung – die Macht der Gewohnheit führt dazu, dass wir in altes, ungewolltes Verhalten, das wir eigentlich längst ändern wollen, zurückfallen und dass unsere guten Vorsätze verpuffen. Oder wir Dinge tun, ohne uns darüber Gedanken zu machen, nur weil wir sie immer so getan haben.

Definieren wir die Macht der Gewohnheit in positivem Sinne um, erkennen wir an, wie stark Gewohnheiten wirken und dass sie uns dabei helfen können, unsere Ziele zu erreichen. Es ist jedoch ratsam, immer nur an einer neuen Gewohnheit zu arbeiten. Überraschend werden Sie merken, dass sich alles im Leben verändert, sobald Sie eine neue, wertvolle Gewohnheit etablieren.

Gewohnheiten zu verändern ist besser, als Entscheidungen zu treffen!

Ein Genie ist immer ein Mensch, der über eine Fülle positiver Gewohnheiten verfügt. Auch Sie sind so viel begabter und talentierter, als Sie glauben. Alles ist in Ihnen, Sie haben alle Fähigkeiten, die Sie brauchen, um auf Ihrem Gebiet Spitze zu sein. Jedes Talent entfaltet sich jedoch nur durch Betätigung, sei es im Sport, in der Kunst, im Management. Der Glaube an die eigenen Möglichkeiten bzw. das persönliche Potenzial gibt die Kraft zum Training, zum Üben und Wiederholen, zur Konzentration auf den Erfolg. Mit der Konzentration, mit der Spezialisierung beginnt Ihr Weg zum Erfolg.

Die Kunst der positiven Selbstbeeinflussung

Das Gefühl, nicht beachtet zu werden, ein geringes Selbstwertgefühl und Minderwertigkeitskomplexe sind sehr wirkungsvolle Motivationskiller. Sie beeinflussen sowohl die Selbstmotivation als auch die Fähigkeit, andere zu motivieren. Mangelndes Selbstbewusstsein ist die größte Hürde auf dem Weg zum Erfolg. Wie das Wort schon sagt: Es mangelt an Bewusstsein, an Wissen über sich selbst. Viele Menschen leben ohne tieferes Wissen, wer sie sind, sie kennen ihre wahre Persönlichkeit nicht. Sie leben ein Leben, das sie nicht selbst gestalten. Sie kennen ihre Wünsche, ihre Bedürfnisse, ihre Talente, Begabungen und Stärken nicht. Und daher kennen sie die Motive nicht, aus denen heraus sie handeln. Wie aber sollen sie dann sich und andere positiv motivieren? Die Grundlage der Fähigkeit, sich selbst und andere zu motivieren, ist daher die Stärkung des eigenen Selbstbewusstseins und des Vertrauens in die eigenen Fähigkeiten, also die positive Identifikation mit sich selbst.

Nichts ändert sich, außer wir ändern uns

Nur der Mensch hat die Kraft, bewusst zu denken, zu planen und zu gestalten. Nur er kann sich selbst und damit sein Schicksal und seine Zukunft gezielt beeinflussen. Indem wir uns ändern, ändert sich unsere Umwelt. Wir werden, was wir denken. Unser Ziel sollte daher sein, Meister in der Kunst der Selbstbeeinflussung zu werden. Damit wehren wir uns gegen negative Umwelteinflüsse wie Pessimismus und die Auswirkungen negativer Nachrichten und werden belastbarer. Unser Unterbewusstsein ist täglich unzähligen Botschaften ausgesetzt, die uns negativ programmieren. Katastrophenmeldungen, Berichte über Gefahren aller Art, Nachrichten über Kriege und Verbrechen überfluten unsere Medien und schüren Angst und Unsicherheit in der Bevölkerung. Wir werden davon beeinflusst, ohne dass wir es merken, wir übernehmen negative Haltungen und Stimmungen, sehen die Welt durch eine negative Brille und die negative Programmierung beeinflusst unsere körperliche und seelische Gesundheit. Doch wir können diesen negativen Einflüssen etwas entgegensetzen: die positive Programmierung unseres Unterbewusstseins. Mit positiver Selbstbeeinflussung durch Suggestionen können wir uns darauf programmieren, unseren Lebensweg zielorientiert zu gehen und unsere Lebensziele zu erreichen.

Was ist eine Suggestion?

Eine Suggestion ist eine zweifelsfreie und eindeutige Formulierung. Dadurch, dass diese Aussage so eindeutig ist, also gar kein Zweifel entstehen kann, wirkt sie direkt auf unser Unterbewusstsein. Eine Autosuggestion, also „Selbst"suggestion, wendet sich niemals an den Intellekt, sondern an die tieferen Schichten Ihres Unterbewusstseins. Daher besteht Ihre erste Aufgabe darin, die Worte der Selbstsuggestion auswendig zu lernen. Denn nur, was Sie auswendig gelernt haben, wird zu Ihrem geistigen Eigentum, das Sie überall hin mitnehmen. Wenn sie auswendig gelernt wird, wird die Autosuggestion Ihr Unterbewusstsein und Ihr Verhalten ganz selbstverständlich leiten und lenken. In unserem Institut wenden wir diese Methode seit vielen Jahren sehr erfolgreich an, sie ist ein wichtiger Bestandteil der Philosophie des erfolgreichen Wegs. Mit der folgenden Autosuggestion können Sie diese Methode lernen und üben. Lernen Sie die Zeilen auswendig und sprechen Sie sie viermal hintereinander, am besten vor einem Spiegel stehend, mit aller Kraft und Energie.

Ich bin fest entschlossen, eine einflussreiche Persönlichkeit zu werden.

Da Gedanken Kräfte sind, werde ich klare und mutige Konzepte entwickeln.

Um meine großen Ziele und Visionen zu verwirklichen, glaube ich felsenfest an mich und traue ich mir größte Leistungen zu.

Meine Ausstrahlung weckt in den Menschen schöpferische Kräfte und den Wunsch, mir zu helfen.

Da ich weiß, wie man Vertrauen und Sympathie gewinnt, werde ich das Vertrauen der Menschen niemals missbrauchen.

Eine positive, motivierende Wirkung geht von meiner Persönlichkeit und meinen großen Zielen aus.

Täglich, täglich kann ich beweisen, dass ich eine außergewöhnliche Persönlichkeit bin.

Vertrauen, Zielklarheit und Konzentration sind das Fundament meiner Motivationskraft.

Ja, ich bin ein zielbewusster Mensch, der Menschen führen und begeistern kann.

Warum funktioniert die Autosuggestion?

Was uns Menschen von den Tieren unterscheidet, ist die große Lernfähigkeit des Menschen. Die moderne Gehirnforschung hat gezeigt, wie groß das Lernvermögen des menschlichen Gehirns ist. Dieser Lernprozess beginnt schon im Mutterleib.

Wie funktioniert das Gehirn?

Die Natur hat die Menschen mit fünf Sinnen ausgestattet und diese haben die Aufgabe, Information von außen nach innen zu transportieren. Sie kennen unsere fünf Sinne: Sehen, Hören, Riechen, Schmecken und Fühlen. All diese Sinne haben, wie gesagt, die Aufgabe, Informationen von außen nach innen zu lenken. Und all diese Informationen werden im Gedächtnis gespeichert. Aus allen gespeicherten Informationen bildet sich im Verlauf unseres Lebens unsere Persönlichkeit. Wir sind heute die Summe der bisher gemachten Erfahrungen.

Gehen wir einen Schritt zurück und betrachten wir noch einmal die Bedeutung unserer fünf Sinne. Beim Hund ist der wichtigste Sinn das Riechen, bei uns Menschen sind die zwei wichtigsten Lernkanäle das Sehen und das Hören. Also alles, was unsere Augen sehen und unsere Ohren hören, wird im Gedächtnis gespeichert. Wir erkennen hier ganz deutlich, nicht die Erbanlagen sind entscheidend, sondern die Umwelteinflüsse prägen den Menschen. Jetzt wird uns die Bedeutung des Satzes deutlich: Gedanken sind Kräfte. Gedanken, also Informationen, prägen unseren Charakter. Und damit unser Leben. Da die Umwelteinflüsse von so großer Bedeutung sind, müssen wir unterscheiden zwischen positiven und negativen Einflüssen, denen der Mensch ständig ausgesetzt ist. Die Gesetze der Beeinflussung gelten für uns alle – für unsere Kinder, Partner, Mitarbeiter und Kunden. Und so kommen wir zu der Erkenntnis, dass der Mensch von allen Lebewesen das beeinflussbarste Wesen ist. Zu seinem Vorteil, aber genauso zu seinem Nachteil. Da jeder Mensch im Verlauf seines Lebens nicht nur positive Erfahrungen macht, wird er auch in der einen oder anderen Weise negativ geprägt. Die Frage, die sich daraus täglich stellt: Kann sich der Mensch von negativen Prägungen lösen? Das ist der entscheidende Punkt in unserem Erfolgssystem. Die Hypnose zeigt uns deutlich unsere großen Möglichkeiten. Aus den Möglichkeiten der Hypnose ergibt sich aber auch die Chance der Selbsthypnose und damit sind wir bei dem großen Gebiet der Suggestion und Autosuggestion. Gedanken sind

Kräfte – Worte sind hörbare Gedanken. Alles, was wir sagen, wird von den Ohren der Menschen in ihr Gedächtnis aufgezeichnet. Entscheidend aber ist unsere Einsicht, dass auch unsere eigenen Ohren unsere Stimme, unsere Worte hören und aufzeichnen. Wir können also nicht nur andere, wir können auch uns selbst besprechen. Hier liegt das große Geheimnis der Autosuggestion. Um ein Meister der Autosuggestion zu werden, sollten Sie folgende Strategie bewusst und konsequent praktizieren:

1. Lernen Sie eine Autosuggestion auswendig (verankern Sie Ihre Vorstellung im Gedächtnis).
2. Sprechen Sie die Autosuggestion viermal vor einem großen Spiegel (Sie erleben sich in Ton und Bild).
3. Legen Sie immer mehr Kraft und Gefühl in Ihre Stimme, erleben Sie durch Training, durch Wiederholung die Magie der Worte.

Mit der Autosuggestion setzen Sie ständig neue Wachstumsanreize, die Ihr Leben verschönern werden. Sie erleben das Erblühen Ihrer Persönlichkeit. Denn Sie wissen: Alles, alles ist in uns, aber es muss aktiviert werden.

Ich bin fest entschlossen, meinem Leben Wert und Sinn zu geben, denn ich weiß, was ich will!

Ich habe einen starken Willen und kann mich gut konzentrieren.

Alle Oberflächlichkeiten verschwinden.

Meine Konzentrationskraft vertreibt meine Unruhe.

Misserfolge können mich nicht verunsichern – denn ich kann, was ich will!

Zuerst denken, dann handeln, aber nie mit dem Kopf durch die Wand. Es gibt immer eine Tür.

> Ich kann mich immer besser konzentrieren, so erwachen meine geistigen Kräfte und alles wird leicht.
>
> Wünschen – planen – wagen – siegen – das ist mein Motto.
>
> Ich bin glücklich, denn ich weiß, ich kann, was ich will!

Jeder Mensch kann durch positive Selbstsuggestionen über sich selbst bestimmen und sich damit innere Kräfte erschließen, die sein Schicksal und seine Zukunft bewusst beeinflussen. Wenn Sie die Methode der positiven Selbstprogrammierung regelmäßig anwenden, profitieren Sie von vielen Vorteilen:

- Sie entdecken Ihren eigenen Willen und aktivieren Ihre Willenskraft.
- Sie verbessern Ihre Konzentrationsfähigkeit und aktivieren Ihr Gedächtnis.
- Sie verbessern Ihre Leistungskraft und werden belastbarer.
- Sie stärken Ihre Selbstdisziplin.
- Sie verbessern Ihre sprachlichen Fähigkeiten und Ihre Ausdruckskraft.
- Sie programmieren Ihr Unterbewusstsein auf Ihre Ziele und Wünsche.
- Sie ersetzen negative Glaubenssätze durch positive.
- Sie stärken Ihr Selbstbewusstsein und Ihr Selbstvertrauen.
- Sie lernen Ihre Suggestivkräfte immer besser zu nützen.
- Sie können Ihre Persönlichkeit immer besser vor negativen Einflüssen von außen schützen. So neutralisieren Sie negative Einflüsse.
- Sie steigern Ihre persönliche Ausstrahlung und Kontaktfähigkeit.

Tägliches Üben mit positiven Autosuggestionen wird Ihre gesamte Persönlichkeit stärken und positiv verändern. Durch Training bekommen Sie einen immer größeren Einfluss auf Ihr Leben und damit Ihre Zukunft.

Schon nach wenigen Tagen werden Sie spüren, dass die negativen Suggestionen immer weniger Macht über Sie haben und dass Sie mit Hilfe der positiven Selbstbeeinflussung von Tag zu Tag Ihre persönliche Ausstrahlungskraft stärken. Ihre persönliche Ausstrahlungskraft zu stärken ist das beste Mittel, um ein hervorragender Motivator zu werden. Ein Mensch mit starker persönlicher Ausstrahlungskraft

- geht offen und freundlich auf andere zu,
- hat freundliche, strahlende Augen,
- hört aufmerksam und konzentriert zu,
- lächelt oft, bevor er spricht,
- geht auf Fragen ein,
- stellt anderen Fragen,
- ist interessiert,
- ist von einer spontanen Herzlichkeit,
- sieht andere direkt an und hält Augenkontakt,
- spricht ruhig, mit einer harmonischen, warmen und Vertrauen einflößenden Stimme,
- erzählt präzise und kurzweilig, nicht ausschweifend und langatmig,
- vertritt seine Ansichten rücksichtsvoll,
- wirkt insgesamt ausgeglichen und gelassen, nicht nervös, unruhig oder aggressiv,
- erzeugt Heiterkeit, Lächeln, Zustimmung, nicht Widerspruch,
- ist charmant und höflich,
- ist selbstbewusst, aber nicht arrogant,
- untermauert das, was er sagt, mit der Sprache seines Körpers, vor allem seiner Hände,
- erzeugt ein großes Vertrauen durch seine innere Sicherheit und Ehrlichkeit.

Zukünftige, positive Wirkungen beruhen nicht mehr auf dem Faktor Zufall, sondern sind das Ergebnis konsequenten Trainings. Es gibt keine wirksamere Übung als die Autosuggestion, um sich selbst zu motivieren und so ein einflussreicher Motivator zu werden.

Motivieren Sie sich selbst!

Warten Sie nicht darauf, von anderen motiviert zu werden!

Das Wort verändert den, der es spricht, und den, der es hört

Die Macht einer bewussten Entscheidung für ein Ziel und die Macht des gesprochenen Wortes zu nutzen ist die einfachste und zugleich effektivste Trainingsmethode, die ein Motivator anwenden kann. Nur so kann er die Bedeutung und die Wirkung dieses mächtigen Werkzeugs erkennen und lernen, andere zu beeinflussen – und zu motivieren! Die zweite wichtige Motivationsmethode ist die Kunst, andere Menschen positiv zu beeinflussen. Wer erfolgreich sein will, muss die Fähigkeit besitzen, andere Menschen zu überzeugen. Menschen zu führen heißt immer auch sie zu beeinflussen. Und so wie Sie sich selbst mit Autosuggestion beeinflussen können, so können Sie andere mit positiven Suggestionen führen. Es ist nämlich ein großer Unterschied, ob Sie Menschen führen oder sie belehren wollen. Sie können andere Menschen nur dann von Ihren Visionen und Ideen überzeugen und motivieren, wenn Sie durch Ihre Persönlichkeit auf andere einwirken, und zwar auf der emotionalen Ebene. Sie können Ihren Intellekt nicht übertragen, doch Sie stecken andere immer mit Ihren Gefühlen an und je stärker diese Gefühle sind, umso größer ist die Ansteckungsgefahr. Das heißt, Sie werden nur dann Erfolg haben, wenn es Ihnen gelingt, andere Menschen für sich und Ihre Ziele zu gewinnen. Und als Führungskraft und Motivator ist es sogar Ihre Pflicht, Einfluss auf Menschen auszuüben.

Das ganze Leben ist ein Prozess gegenseitiger Beeinflussung. Von Kindheit an werden wir beeinflusst und in unserem Unterbewusstsein sind unzählige Suggestionen gespeichert, die wir im Laufe unseres Lebens aufgenommen haben. „Frag nicht so viel", „Auf Bäume klettern ist gefährlich", „Das lernst du nie", „Jungs spielen nicht mit Puppen", „Morgenstund' hat Gold im Mund", „Du bist ein intelligentes Mädchen" – es gibt Suggestionen, die uns bremsen, und solche, die uns erfolgreich machen. Wehren konnten wir uns als Kinder dagegen nicht, doch stehen wir als Erwachsene noch immer unbewusst unter dem Einfluss „erziehender" Aussagen aus unserer Kindheit, die unser ganzes Leben in der einen oder anderen Weise prägten. Beeinflussung geschieht aber nicht nur durch Worte, sondern auch durch Bilder, Vorbilder oder Gefühle. So übertragen sich unbewusst Angst und Pessimismus, aber auch Optimismus und Zuversicht. Was Sie ausstrahlen, wird empfangen und beeinflusst das Verhalten Ihrer Mitmenschen. Sie können nicht nicht beeinflussen. Und wie die Selbstbeeinflussung durch Autosuggestion wirkt, so wirkt auch die Beeinflussung anderer durch Suggestion. Die Suggestion ist das wirksamste Mittel, um das Unterbewusstsein anderer Menschen zu mobilisieren, denn alle Veränderungen vollziehen sich unbewusst. Die Frage ist: Was reden Sie Ihren Mitmenschen ein?

Durch suggestive Formulierungen können Sie Ihre Mitmenschen in gewisser Weise „hypnotisieren". Wir bezeichnen diese auch als „magische Sätze", denn diese Sätze sprechen direkt das Gefühl unseres Gegenübers, des Mitarbeiters, des Kunden, des Partners positiv an und werden dadurch fest in dessen Unterbewusstsein verankert. Das Unterbewusstsein aber hat die Tendenz, jeden Gedanken zu realisieren, und so wird sich die Wirkung dieser Sätze und Fragen auch rasch entfalten. Hier einige Beispiele:

- Versprechen Sie mir, dass …
- Was kann Sie überzeugen?
- Was müsste passieren, damit Ihnen die Entscheidung noch leichter fällt?
- So entschlossen wie Sie handeln nur wenige.
- Es ist völlig in Ordnung, wenn Sie jetzt noch ein wenig zweifeln; bald schon werden Sie den Nutzen erkennen.

Aufgabe

Analysieren Sie diese Sätze und formulieren Sie dann fünf magische Aussagen für Ihre persönliche Situation. Achten Sie dabei darauf, dass Sie Ihrem Gegenüber die folgenden Gefühle vermitteln:

1. Ich schätze Sie.
2. Ihr Beitrag, Ihre Mitarbeit, Ihre Unterstützung ist mir sehr wichtig.
3. Sie können mir vertrauen.

Beispiele für fünf klassische Situationen in Unternehmen

1. Mitarbeiter-Kommunikation: Sie haben diese Aufgabe gut gemeistert. Was kann ich oder was kann die Firma tun, damit Sie auch künftig so rasch, so professionell auf diese Art von Problem reagieren können?

2. Kunden-Kommunikation: An der Auswahl dieses Fahrrades sieht man, Sie wissen Qualität zu schätzen. Wenn dennoch etwas nicht funktionieren sollte, kommen Sie einfach vorbei, wir schauen uns das dann gleich an. Wir sind immer für Sie da!

3. Mitarbeiterkonflikt: Die Mitarbeiter im Support müssen pünktlich zur Arbeit erscheinen, weil unsere Hotline besonders morgens stark frequentiert ist. Wie können wir eine Lösung finden, damit Sie in Zukunft morgens 10 Minuten früher kommen und der Kollege sich nicht im Stich gelassen fühlt?

4. Mitarbeiter ist unzufrieden: Herr N., Ihr Teamleiter, hat mir gesagt, Sie wären mit der Ausstattung Ihres Notebooks nicht zufrieden. Was genau fehlt Ihnen und könnte das andere Kollegen auch betreffen?

5. Mitarbeiter sollte mehr Leistung bringen, Veränderung mittragen oder Ähnliches: Ich habe den Eindruck, Sie haben sich noch nicht sehr intensiv mit unserer neuen Projektmanagement-Software beschäftigt. Brauchen Sie Unterstützung bei der Einarbeitung? Oder kommen Sie allein zurecht? Ich überlege, eine Schulung mit einem externen Trainer für alle Kollegen, die damit arbeiten, zu organisieren. Was halten Sie davon?

Die Gesetze der Suggestion

1. Das ganze Leben ist ein Prozess gegenseitiger Beeinflussung. Wenn wir die Menschen nicht beeinflussen, dann werden sie von anderen beeinflusst.

2. Andere Menschen machen uns erfolgreich.

3. Zu seinem Vorteil lässt sich jeder gern beeinflussen.

4. Wer diskutiert, verliert.

5. Vertrauen öffnet der Suggestion das Tor. Ohne das Vertrauen anderer werden wir nichts erreichen.

6. Gefühl ist alles: Sprechen Sie die Sprache der Herzen. Der suggestive Einfluss wendet sich immer an die Vorstellungskraft, an das Gefühl.

7. Je größer das Einfühlungsvermögen, desto größer ist die Fähigkeit, andere Menschen zu beeinflussen.

8. Eine Suggestion ist ein Gedankenkeim, der durch Wiederholung wächst.

9. Suggestionen sind Prophezeiungen und Versprechungen. Sie entfalten ihre Wirkung im Unterbewusstsein der Menschen.

10. Eine Frage ist eine indirekte Suggestion.

11. Die Wirksamkeit von Suggestionen ist abhängig von der persönlichen Suggestivkraft.

12. Durch die Fähigkeit, sich auf das Wesentliche zu konzentrieren, wächst die Suggestivkraft.

13. Die Stimme und die Art und Weise zu sprechen beeinflussen die Stärke der Wirkung auf andere.

14. Dank ist eine positive Suggestion.

15. Alles, was wir ausstrahlen, kommt auch zurück. Ich kann in anderen nur das zum Schwingen bringen, was in mir selbst schwingt.

Folgen Sie der Philosophie des erfolgreichen Wegs!

Die Philosophie des erfolgreichen Wegs ist die Kunst, Probleme in allen nur denkbaren Bereichen des menschlichen Daseins in Glück zu verwandeln. Die Grundlage der Philosophie des erfolgreichen Wegs ist das Wissen, dass jeder Mensch auf andere wirkt, bewusst und unbewusst, motivierend und demotivierend. Dabei wirkt sich keine Fähigkeit im Verlaufe des Lebens so segensreich aus wie die Fähigkeit der positiven Motivation. Dazu gehört die positive Selbstmotivation genauso wie die positive Motivation anderer. Hier liegen unglaubliche Reserven für die Zukunft, denn wer diese Potenziale bei sich und anderen erschließen kann, ist in der Lage, ungeahnte Kräfte freizusetzen und die großen Probleme, vor denen die Menschheit steht, zu lösen. Dazu braucht es selbstbewusste, mutige und motivierende Persönlichkeiten, die Verantwortung übernehmen und anderen den Weg durch die großen zu erwartenden Veränderungen weisen.

Wirklich erfolgreichen Menschen geht es nicht darum, auf Kosten anderer groß zu werden und per Ellenbogentechnik nach oben zu kommen, immer den eigenen Vorteil im Visier und ohne Rücksicht auf die Bedürfnisse anderer. Der Wille zum Erfolg allein reicht nicht aus, um wirklich erfolgreich zu werden, es gehört dazu auch die Überzeugung, dass das, was man tut, sinnvoll ist und ethischen Grundsätzen des menschlichen Miteinanders entspricht.

Für die Philosophie des erfolgreichen Wegs spielt daher auch der Begriff der Macht eine ganz bedeutende Rolle. Macht ist bis heute ein sehr umstrittener Begriff, mit dem viele Menschen etwas Negatives verbinden. Das darf nicht verwundern, denn das unethische Verhalten vieler „Mächtiger" ist täglich in den Schlagzeilen. Dies weckt bei den Menschen negative Gefühle wie Ärger, Wut und Zweifel, ob man als ehrlicher Mensch nicht doch der Dumme ist. Macht und Machtmissbrauch werden automatisch gleichgesetzt. Dabei ist das Entscheidende an der Macht nicht, dass man sie hat, sondern: Wie nutzt man die Macht? Die Philosophie des erfolgreichen Wegs hat darauf eine eindeutige Antwort: Erfolg ist immer die Fähigkeit Probleme zu lösen! Und damit ist Erfolg eine Folge von problemlösendem Denken und Handeln. Darin stecken Lebensgrundsätze, Zielformulierungen und deren Umsetzung. Erfolg heißt für uns:

- wertvolle Ziele zu haben und die Initiative zu ergreifen
- etwas bewirken zu können
- Leistung zu bringen und Verantwortung zu übernehmen
- zum Fortschritt beizutragen
- Veränderungen im Positiven einzuleiten
- richtig mit Menschen umzugehen und sie zu motivieren
- sich weiterzuentwickeln
- anderen einen Weg zu zeigen
- Vorbildfunktion zu übernehmen
- anderen Menschen Nutzen zu bringen
- große und kleine Probleme zu lösen

Lassen Sie es uns noch einmal wiederholen: Erfolg ist immer eine Folge von aufbauendem Denken und Handeln. Und Handeln ist Bewegung, ist Motivation.

Die 14 Grundgesetze der Lebensentfaltung

1. Nur der Mensch hat die Kraft, bewusst zu denken, zu planen und zu gestalten. Nur er kann sich selbst und damit sein Schicksal und seine Zukunft gezielt beeinflussen.

2. Am Anfang jeder Tat steht die Idee. Nur was gedacht wurde, existiert.

3. Gedanken entwickeln sich im Unterbewusstsein, aus den Menschen selbst oder durch äußere Einflüsse.

4. Das Unterbewusstsein – die Baustelle des Lebens und der Arbeitsraum der Seele – hat die Tendenz, jeden Gedanken zu realisieren.

5. Aus dem kleinsten Gedankenfunken kann ein leuchtendes Feuer werden.

6. Wer wachsen will, braucht Nahrung. Die Nahrung der Gedanken ist die Konzentration.

7. Bewusste oder unbewusste Konzentration ist Verdichtung von Lebensenergie.

8. Im Streit zwischen Gefühl und Intellekt siegt immer das Gefühl.

9. Gefühle lenken und verstärken die Konzentration unbewusst, aber nachdrücklich.

10. Durch gezielte Entscheidung kann die Aufmerksamkeit auf jeden ausgewählten Punkt gelenkt werden.

11. Beachtung bringt Verstärkung. Nichtbeachtung bringt Befreiung.

12. Zustimmung aktiviert Kräfte. Ablehnung vernichtet Lebenskraft.

13. Die ständige Wiederholung einer Idee wird erst zum Glauben, dann zur Überzeugung – auch in negativer Hinsicht.

14. Glaube führt zur Tat. Konzentration führt zum Erfolg. Wiederholung führt zur Meisterschaft.

So motivieren Sie sich und andere

Mein Job ist es nicht, es den Leuten besonders leicht zu machen. Mein Job ist es, sie besser zu machen.

Steve Jobs, Mitgründer und CEO von Apple

Sie kennen nun Ihre Grundeinstellung und wissen, wo Sie schon auf dem richtigen Weg sind und wo Sie etwas verändern möchten, um Ihre Fähigkeit zur Selbstmotivation und zur Motivation anderer zu stärken. Nun lernen Sie die Methoden kennen, mit denen Sie sich und andere motivieren und die große Macht der Motivation nützen.

Die 11 Gesetze der Motivation

Unsere „11 Gesetze der Motivation" fassen die wichtigsten Merkmale wirkungsvoller und nachhaltiger Motivation zusammen, sie sind die beste Ausgangsbasis für die Umsetzung in der Praxis – am Arbeitsplatz, in der Familie, in allen Lebensbereichen.

1. **Motivation macht Unmögliches möglich.**
   Nichts passiert ohne Motivation.
   Motivation mobilisiert Kräfte.
   Motivation ist wichtiger als Intelligenz.
   Was der Mensch sich vorstellen kann, das kann er auch verwirklichen.

2. **Jeder Mensch ist motivierbar.**
   Jeden motiviert etwas anderes.

3. **Motivation befreit.**
   Jeder Mensch hat ein gewaltiges Potenzial.

4. **Ohne Ziel keine Motivation. Ohne Motivation kein Ziel.**
   Zustimmung aktiviert Kräfte.
   Motivation nutzt die Macht des Unterbewusstseins.
   Visionen machen Unmögliches möglich.

5. **Glaube motiviert.**
   Ohne Hoffnung keine Motivation.

6. **Gefühle spielen immer eine Rolle.**
   Kritik ist der größte Demotivator.
   Liebe ist der größte Motivator.
   Angst ist größte negative Motivation.

7. **Anerkennung ist der mächtigste Motivator.**
   Beachtung bringt Verstärkung.
   Motivation braucht „Nahrung".
   Worte haben Motivationskraft.

8. **Erfolg motiviert.**
   Fortschritt motiviert.
   Anerkennung ist der Lohn für Erfolg
   Erfolg ist Selbstbestätigung.

9. **Motivation ist ansteckend.**
   Wer motivieren kann, kann auf Zwang verzichten.
   Vorbilder, gute Gesellschaft und öffentliche Ziele motivieren.
   Gruppenzugehörigkeit und Wettbewerb motivieren.

10. **Dankbarkeit ist ein Motivationsturbo.**

11. **Nichts ändert sich, außer wir ändern uns.**

Es liegt in Ihrer Hand

Nichts spornt mich mehr an als die drei Worte:
Das geht nicht. Wenn ich das höre, tue ich alles,
um das Unmögliche möglich zu machen.

Harald Zindler, Mitbegründer
Greenpeace Deutschland

Erinnern Sie sich an die Geschichte des Apollo-Programms in der Einleitung? Auf dem Mond zu landen, aus der Raumkapsel auszusteigen, wieder heil auf der Erde zu landen – bis in die 1960er-Jahre reine Science Fiction. Aber 1969 hat wirklich ein Mensch den Mond betreten und die ganze Welt hat ihm dabei zugeschaut. Über das Fernsehen, das selbst auch so ein Ding der Unmöglichkeit war. Bis es jemand erfunden hat und sich Menschen davon begeistern ließen, die es technisch weiterentwickelten und zu einem Produkt machten, das heute in jedem Haushalt zu finden ist. Oder denken Sie an Spitzenleistungen und Rekorde im Sport – vieles scheint unmöglich und dennoch gibt es Menschen, die das Unmögliche schaffen. Auch in der Wirtschaft gibt es viele Beispiele für Erfolge, die niemand für möglich gehalten hätte, für Turnarounds und die Schaffung völlig neuer Produkte, die ganze Branchen verändern. Architekten und Bauingenieure bauen Brücken und Hochhäuser mit atemberaubenden Dimensionen. Auf allen Gebieten schafft der Mensch immer wieder Faszinierendes und motiviert sich und andere immer wieder zu Höchstleistungen.

Denken Sie an die Motivationskiller: Viele davon können nur so stark wirken, weil wir in dem Augenblick, in dem andere uns mit negativen Gedanken, Kritik, Pessimismus, Zweifeln und Problemen überschütten, eines zulassen: Wir geben die Macht über unsere Gedanken und Gefühle ab und öffnen den Motivationskillern Tür und Tor zu unserem Inneren. Die gute Nachricht: Es liegt in Ihrer Verantwortung, das zu ändern. Sie müssen sich von Motivationskillern nicht demotivieren lassen. Sie können jederzeit aufhören, andere zu demotivieren. Und Sie können sofort damit beginnen, sich selbst und andere zu motivieren. Ohne Wenn und Aber. Werden Sie zum Architekten Ihrer Zukunft! Lassen wir dazu auch Goethe sprechen:

> *Des Menschen größtes Verdienst bleibt wohl, wenn er die Umstände so viel als möglich bestimmt und sich so wenig als möglich von ihnen bestimmen läßt. Das ganze Weltwesen liegt vor uns wie ein großer Steinbruch vor dem Baumeister, der nur dann den Namen verdient, wenn er aus diesen zufälligen Naturmassen ein in seinem Geiste entsprungenes Urbild mit der größten Ökonomie, Zweckmäßigkeit und Festigkeit zusammenstellt. Alles außer uns ist nur Element, ja ich darf wohl sagen, auch alles an uns; aber tief in uns liegt diese schöpferische Kraft, die das zu erschaffen vermag, was sein soll, und uns nicht ruhen und rasten läßt, bis wir es außer uns oder an uns, auf eine oder die andere Weise, dargestellt haben.*

> Johann Wolfgang von Goethe, Wilhelm Meisters Lehrjahre, 6. Buch, 7. Kapitel

Der beste Chef der Welt

Richard Denny, ein britischer Kollege und Autor mehrerer Bücher zum Thema Motivation, Kommunikation und Verkauf, beschreibt ganz ähnliche Motivationsprinzipien. Diese beruhen auf zwei aus seiner Sicht essentiellen Fragen, die sich Führungskräfte stellen sollten:

1. Von welcher Art von Führungskraft würde ich gern geführt?
2. Bin ich selbst eine solche Führungskraft?

Diese beiden interessanten Fragen stehen am Anfang unserer Ausführungen, wie Sie sich selbst und andere motivieren können, und wir wünschen uns, dass auch Sie sich diese Fragen immer wieder stellen. Dennys Führungsprinzipien können Sie gemeinsam mit unseren „11 Gesetzen der

Motivation" als Leitfaden heranziehen, der Sie durch Ihr weiteres Leben begleitet.

Sich selbst führen zu können ist die Voraussetzung dafür, andere führen zu können. Ihre positive Grundeinstellung zu sich und Ihrer Aufgabe, zu den Menschen und ihren Talenten, zu Ihrer Gegenwart und Zukunft ist die Basis dafür, dass Sie ein exzellenter Motivator werden und die Macht der Motivation zum Nutzen aller nützen können.

Arbeiten Sie für den besten Chef der Welt – für sich selbst!

Kennen Sie Ihre Ziele?

Wenn das Leben keine Vision hat, nach der man strebt, nach der man sich sehnt, die man verwirklichen möchte, dann gibt es auch kein Motiv, sich anzustrengen.

Erich Fromm (1900–80), amerikan. Psychoanalytiker

Bevor wir andere oder gar größere Gruppen motivieren, ist es wichtig zu lernen, uns selbst zu motivieren. Die Macht der Motivation ist also zuallererst die Macht der Selbstmotivation. Wenn Sie selbst nicht von Ihrer Sache überzeugt sind, wird es Ihnen nur schwer gelingen, andere zu begeistern. Wenn Sie selbst keine Ziele haben, werden Sie anderen nicht dabei helfen können, ihre Ziele zu finden und zu erreichen. Wenn Sie keine Vision dessen haben, was Sie erreichen möchten, und nicht wissen, warum Sie das wollen, werden Sie anderen nicht sagen können, was Sie antreibt. Warum Sie sich wünschen, dass Sie mit Ihnen gemeinsam an einem größeren Ganzen arbeiten.

Bevor Sie starten, müssen Sie also wissen, wohin Sie wollen. Was sind Ihre Ziele? Sicher haben Sie Träume, doch diese nützen wenig, wenn sie nicht realisiert werden, wenn sie nicht in erstrebenswerte Ziele gegossen werden, die Sie motivieren. Fragen Sie Ihren Geist, um herauszufinden, was Sie wirklich erreichen wollen. Mit der folgenden Übung begeben Sie sich auf die Spur Ihrer Wünsche und Träume.

Aufgabe

Ich finde meine wahren Ziele

Nehmen Sie sich ausreichend Zeit und beantworten Sie jede Frage schriftlich und so ausführlich wie möglich:

- Was wünsche und hoffe ich persönlich für meine Zukunft?
- Wie hoch schätze ich meine Zukunftskompetenz ein? Zukunftskompetenz heißt, wie gut ich durch Vorbildung, Erfahrung und persönliche Merkmale wie Mut, Entschlossenheit usw. auf die Bewältigung der Zukunft vorbereitet bin (Skala 1 = sehr hoch bis 6 = sehr gering)
- Was sind meine heutigen Visionen für meine Zukunft?
- Was begeistert mich an meinen Visionen?
- Was muss ich tun, um dieses Ziel sicher zu erreichen?
- Wo liegen meine persönlichen Stärken?
- Welche meiner Fähigkeiten möchte ich verstärken?
- Auf welchem Gebiet möchte ich gern einzigartig sein bzw. werden?
- Warum könnten meine Kollegen/Mitarbeiter/Vorgesetzten gern mit mir zusammenarbeiten?
- Worauf bin ich besonders stolz?
- Was werde ich in den nächsten fünf Jahren tun, um besser zu werden?
- Was werde ich ab heute (und in weiterer Folge in den nächsten Tagen und Wochen) ändern, um in Zukunft noch besser und erfolgreicher zu werden?
- Was würde ich tun, wenn ich sicher wäre, dass ich nicht scheitern könnte?

Mit der folgenden Checkliste können Sie Ihre Ziele ganz genau hinterfragen und strategisch so planen, dass Sie sie auch wirklich umsetzen können. Überprüfen Sie Ihre Ziele regelmäßig anhand dieser Liste und dies am besten schriftlich.

Aufgabe

Checkliste: 10 Fragen zu Ihrer systematischen Zielplanung

Kreuzen Sie „ja" oder „nein" an:

	Ihre Zielstrategie	ja	nein
1.	Haben Sie sich ein Ziel gesetzt und dieses schriftlich fixiert? Gibt es bereits eine Planung für eine solche Zielfixierung?	☐	☐
2.	Wissen Sie genau, was es für Sie persönlich bedeutet, wenn Sie dieses Ziel erreichen?	☐	☐
3.	Können Sie dieses Ziel tatsächlich erreichen? Kennen Sie Ihre körperlichen und geistigen Leistungsgrenzen?	☐	☐
4.	Haben Sie einen schriftlichen Ablaufplan gemacht, wie Sie dieses Ziel erreichen wollen?	☐	☐
5.	Ist Ihr persönlicher Plan mit anderen Plänen abgestimmt, z. B. mit den Plänen Ihrer Kollegen, Mitarbeiter, Mitbewerber, mit den Anforderungen des Marktes, Ihrer Familie?	☐	☐
6.	Ist Ihr Plan in Phasen und Teilziele eingeteilt?	☐	☐
7.	Haben Sie regelmäßig Erfolgskontrollen eingebaut und Kontrollmöglichkeiten vorgesehen?	☐	☐

8.	Wissen Sie, wer Ihnen helfen wird, den Plan zu verwirklichen? An wen können Sie Aufgaben delegieren, wo können Sie sich Rat, Hilfe, Material, Unterlagen oder Know-how holen?	☐	☐
9.	Haben Sie Ihre Zeit richtig eingeschätzt und sie nicht zu mehr als 100 Prozent verplant, sondern Pufferzeiten vorgesehen?	☐	☐
10.	Haben Sie sich ein Ziel gesetzt und einen Plan gemacht, um dieses Ziel wirklich zu erreichen oder nur um Ihr Gewissen zu beruhigen? Brennen Sie wirklich darauf, etwas Bestimmtes zu tun oder zu erreichen? Oder sind Sie schon wieder so in der Alltagsroutine gefangen, dass Sie Ihr Ziel nur noch gelegentlich aus der Ferne winken sehen?	☐	☐

Wie oft haben Sie „nein" angekreuzt? Wie viele Fragen wollen Sie im nächsten Monat mit „ja" ankreuzen?

Wie kontrollieren Sie die Erreichung Ihrer Ziele?

Um sich regelmäßig Rechenschaft über die Erreichung von Zielen geben zu können, ist es natürlich wichtig, die Ergebnisse auch zu kontrollieren.

Messen

Quantitative Ziele lassen sich relativ einfach kontrollieren – man kann das Resultat zählen oder messen. Verfallen Sie dabei aber nicht in denselben Irrtum wie der Verkäufer von Frankiermaschinen aus dem vorigen Kapitel. Dieser hatte sich durch falsche Vergleichszahlen selbst so unter Druck gesetzt, dass er sein Ergebnis – mehr verkaufte Maschinen als in einem seiner durchschnittlich erfolgreichen Monate – als Misserfolg betrachtete. Damit

Ihnen das nicht passiert, achten Sie schon bei der Zielplanung genau darauf, welche Größenordnungen Sie zur Orientierung heranziehen.

Erfolgstagebuch

Eine weitere Möglichkeit, Ziele zu kontrollieren, ist ein Erfolgstagebuch. Darin notieren Sie jeden Tag, was Ihnen gut gelungen ist, welche Teilziele Sie erfolgreich erreicht haben und wo Sie sich verbessern möchten. Auch die Checkliste mit den 10 Punkten zur systematischen Zielplanung können Sie in dieses Tagebuch legen und regelmäßig durcharbeiten.

Feedback

Eine dritte Möglichkeit ist das Einholen von Feedback. Erzählen Sie Ihrem Partner, Ihrer Partnerin, Ihren Kollegen, Ihren Vorgesetzten, aber auch Ihren Mitarbeitern von Zielen, die Sie sich in bestimmten Bereichen setzen, und bitten Sie sie um Rückmeldung. Sie können sich zum Beispiel vornehmen, am bekannten New-York-Marathon teilzunehmen. Dazu besuchen Sie ein Trainingscamp, schließen sich einer Laufgruppe an und nehmen bei der nächsten Gelegenheit an einem Halbmarathon teil. Hinterher bitten Sie einige Personen, die Ahnung haben, um ein ehrliches Feedback zu Ihrer Laufleistung.

Die Kontrolle von Zielen ist sehr wichtig, weil Sie nur so feststellen können, ob Sie Fortschritte in der gewünschten Richtung machen. Die Erreichung von Zielen ist überdies sehr motivierend. Und wenn Sie einmal ein Ziel nicht so schnell erreichen, wie Sie sich das vorgenommen haben, können Sie es neu ausformulieren, an möglicherweise veränderte Umstände anpassen und noch einmal neu starten.

So setzen Sie Ihre Ziele und guten Vorsätze noch besser um

Nützen Sie die Technik der Autosuggestion, um Ihre Ziele und Vorsätze noch besser umzusetzen. Unterstützend können Sie auch Entspannungs-CDs einsetzen, mit denen Sie Ihr Unterbewusstsein auf Ihre Ziele „programmieren". Mit unserer CD „Ich kann, was ich will" können Sie Ihre Motivation gezielt verstärken.

Bündeln Sie Ihre Kräfte – konzentrieren Sie sich!

Wofür setzen Sie Ihre Zeit und Ihre Kräfte ein? Viele Menschen haben ein Problem damit, mit den 24 Stunden, die ihnen täglich zur Verfügung stehen, auszukommen. Sie stehen ständig unter Stress, hetzen von einem Meeting zum nächsten und das Mobiltelefon scheint ihnen am Ohr festgewachsen zu sein. Und sie erreichen ihre Ziele nicht, weil sie nicht in der Lage sind, sich selbst und ihr Leben zu organisieren.

Wenn es Ihnen ähnlich geht und Sie immer wieder an Ihr Limit kommen, fragen Sie sich, ob Sie Ihre Kräfte wirklich optimal einsetzen. Geben Sie „alles" für wirklich wichtige Dinge und für Dinge, die Sie weiterbringen? Setzen Sie Ihre Energie ein, um besser zu werden, oder treten Sie auf der Stelle? Erfolgreich werden Sie dann sein, wenn Sie sich auf die wirklich wichtigen Dinge konzentrieren.

Konzentration bedeutet Zielklarheit.

Und Zielklarheit heißt, Kräfte zu bündeln statt Kräfte zu verschwenden.

Nur wer gelernt hat, sich selbst zu organisieren, schöpft sein Potenzial optimal aus. Erfolgreiche Menschen zeichnen sich immer auch durch gute Organisation aus. Sie planen, bringen Ordnung in ihr Denken und Handeln und wissen, was sie selbst machen und was sie an andere delegieren. Zugleich haben sie auch den Mut, sich nicht um alles zu kümmern, und können das Wesentliche vom Interessanten unterscheiden.

Erfolgreiche Menschen, die Spitzenleistungen erbringen, überlassen dies nicht dem Zufall. Sie planen, setzen sich Ziele und überlegen sich Strategien, um diese Ziele zu erreichen. Mit systematischer Planung gewinnen sie die Kontrolle über ihr Leben und sie können ihre Aufmerksamkeit auf das wirklich Wichtige richten. Sie sind motiviert und die klare Ausrichtung auf ihre Ziele hilft ihnen auch dabei, die Ergebnisse zu überprüfen und sich Erfolgserlebnisse zu schaffen. Und diese Erfolgserlebnisse motivieren! Selbstmotivation ohne Erfolgserlebnisse ist nicht denkbar, und Erfolgserlebnisse schaffen Sie sich durch Konzentration, Planung, Zielgerichtetheit und die passenden Strategien.

Konzentrieren Sie sich auf die Dinge, die Sie beeinflussen können

Viele Menschen beschäftigen sich viel zu intensiv mit Dingen, die sie nicht beeinflussen können: das Wetter, die inkompetenten Politiker, das unfähige Management, Kriege, Krisen, Naturkatastrophen, mit dem Niedergang der Werte, mit den Problemen anderer. Sie sehen selbst, da ist wenig Positives dabei, aber beobachten Sie einmal einen Tag lang sich und andere, worüber Sie sprechen oder was Sie von den Medien serviert bekommen – Sie werden uns Recht geben. Das Meiste, was unsere Aufmerksamkeit auf sich zieht, ist nicht sehr konstruktiv und trägt zu einem positiven Lebensgefühl wenig bei. Gleichzeitig können wir diese Dinge aber nicht ändern.

Doch es gibt so viele Dinge in Ihrem Leben, die Sie zum Positiven ändern und beeinflussen können, wenn Sie ihnen Ihre Aufmerksamkeit und Zeit widmen! Das schafft viel mehr Nutzen und Wert für Sie und Ihre Mitmenschen als die Beschäftigung mit dem Negativen oder den Dingen, die Sie ohnehin nicht ändern können.

Das können Sie beeinflussen:

- Ihre Gedanken, Ihre Einstellung und Stimmung – und damit beeinflussen Sie, wie sich die Dinge entwickeln, und das Echo Ihrer Mitmenschen
- Ihre beruflichen Fähigkeiten und Leistungen, indem Sie sich auf Ihre Stärken konzentrieren und diese zielgerichtet ausbauen

- Ihre Produktivität und Effizienz bei der Arbeit durch systematisches Erledigen der wichtigen Aufgaben vor den weniger wichtigen oder gar unwichtigen Aufgaben
- Ihre Gesundheit und Vitalität durch Training und bewusstere Lebensführung
- Ihre Partnerschaft durch bewusste, liebevolle Aufmerksamkeit

In jedem dieser Bereiche gibt es zahlreiche Themen, die Sie unter die Lupe nehmen können, um sie auf Verbesserungspotenziale abzuklopfen. Das 10. Grundgesetz der Lebensentfaltung lautet: „Durch eine gezielte Entscheidung kann die Aufmerksamkeit auf jeden ausgewählten Punkt gelenkt werden." Auch Sie können die in Ihnen vorhandenen Kräfte und Energien bündeln und damit ungeheure Energien freisetzen. Treffen Sie noch heute eine gezielte Entscheidung, auf welchen Punkt Sie Ihre Kräfte lenken werden. Fangen Sie jetzt gleich damit an, sich mit dem zu beschäftigen, was Sie wirklich beeinflussen können.

Die A-B-C-Methode

Der Schlüssel zu großen Erfolgen liegt in der Fähigkeit, sich voll und ganz auf die wichtigsten Aufgaben zu konzentrieren. Dort werden Sie die große Macht der Motivation wirklich einsetzen können. Sehen wir uns nun die Aufgaben an, auf die Sie sich ab jetzt konzentrieren wollen. Sie werden feststellen, dass nicht alle von derselben Wichtigkeit oder Dringlichkeit sind, und – besonders wichtig für Führungskräfte – nicht alles müssen Sie selbst erledigen! Mit der A-B-C-Methode können Sie sich über den Charakter der einzelnen Aufgaben klar werden und Ihre Planung entsprechend darauf abstimmen.

- A-Aufgaben sind äußerst dringend und wichtig und deshalb sofort zu erledigen.
- B-Aufgaben sind wichtig und so bald wie möglich zu erledigen.
- C-Aufgaben können delegiert werden oder auch noch liegen bleiben.

Gehen Sie bei Ihrer Wochenplanung nach diesem System vor. Achten Sie dabei besonders auf die C-Aufgaben. Diese sind oft sehr klein, dafür aber zahlreich. Sie fressen viel Zeit und Energie. Und sie haben überdies die Tendenz, sich vorzudrängeln, weil sie rasch erledigt werden können und ein kurzfristiges Erfolgserlebnis versprechen. Eine Führungskraft, die sich zu sehr mit C-Aufgaben befasst, indem sie sich um jede Kleinigkeit kümmert und sich jeden Vorgang auf den Tisch legen lässt, statt Mitarbeiter mit Entscheidungsvollmacht auszustatten, verzettelt sich, anstatt für das große Ganze, die Vision, zu arbeiten.

Aufgabe

Gehen Sie die letzten ein bis zwei Wochen durch und überlegen Sie:

- Welche Aufgaben, die Sie bearbeitet haben, waren wirklich dringend und wichtig und mussten sofort von Ihnen persönlich erledigt werden? (A-Aufgaben)
- Welche Aufgaben waren wichtig und daher zügig von Ihnen zu erledigen? (B-Aufgaben)
- Welche Aufgaben hätten Sie liegenlassen oder sogar delegieren können? (C-Aufgaben)
- Welche Aufgaben sind liegengeblieben, obwohl Sie sie in Ihrem Kalender stehen hatten? Waren es A-, B- oder C-Aufgaben?
- Welche Folgen hat es, dass Sie diese nicht erledigt haben?

Seien Sie ganz ehrlich zu sich selbst und wägen Sie genau ab, ob Sie sich wirklich auf die wesentlichen Dinge konzentriert haben.

Und nun sehen Sie sich Ihre Planung für die nächsten Tage und Wochen an. Teilen Sie Ihre Aufgaben in A-, B- oder C-Aufgaben ein und optimieren Sie Ihre Planung in diesem Sinne.

Mit der Zeit werden Sie immer besser mit diesem System umgehen können. Die Wertung der Aufgaben entlastet Sie und zeigt Ihnen gleichzeitig, wo jene Aufgaben liegen, die den größten Nutzen bringen und die am erfolgversprechendsten sind. Das ist Motivation pur, denn es gibt Ihrem Handeln Sinn.

Selbstorganisation ist Selbstmotivation

Viele Menschen bekämpfen ihre Zeitprobleme damit, dass sie immer schneller arbeiten und häufig mehrere Dinge gleichzeitig tun. Die Folge: Hektik und Stress führen zu Fehlern und schlechteren Ergebnissen. Die Lösung ist aber nicht, mehr, sondern besser zu arbeiten. Und besser arbeiten kann man mit einer effizienteren Zeitplanung.

Mit unserer Methode werden Sie mit weniger Anstrengung mehr erreichen. Und Sie werden sich trotzdem nicht überlastet fühlen, weil Sie eine Balance zwischen Geben und Nehmen, zwischen Aktivität und Entspannung, aufbauen.

Aufgabe

Nehmen Sie bitte ein Blatt Papier und einen Stift zur Hand und beantworten Sie folgende Fragen:
- Welche Arbeiten strengen mich besonders an? Warum?
- Ist meine Arbeitsweise organisiert oder eher zufällig?
- Mit welchen Mitteln und Methoden erhole und entspanne ich mich?
- Was tue ich, um meine „Batterien" wieder aufzuladen (z. B. mentales Training, Sport, Schlaf, Yoga, Atemübungen)?
- Kann ich in meiner Arbeit meine Stärken entfalten? Welche? Bei welchen Tätigkeiten besonders?
- Empfinde ich die Anforderungen in meinem Beruf manchmal als zu hoch? Welche? Wann?
- Habe ich Einschlafprobleme oder wache ich öfter nachts auf? Kreisen meine Gedanken dabei um meine Arbeit? Welche Gedanken sind das?

- Liebe ich meinem Beruf? Was begeistert mich daran besonders?
- Was könnte ich tun, um mich nicht mehr überbelastet zu fühlen (z. B. Zeitplanung, Sport, Seminar für Selbstorganisation, mehr Schlaf, meine Stärken stärken)?

Es gibt vier Hauptursachen für Überbelastung:
- Überforderung
- eine angeschlagene Gesundheit
- eine schlechte oder keine Arbeitseinteilung
- Angst jeglicher Art

Für jede dieser Ursachen gibt es Hilfsmittel:

Überforderung: Erkennen, verstärken und nutzen Sie Ihre Stärken. Weigern Sie sich, sich weiter mit überflüssigen Dingen zu beschäftigen. Fleiß allein kann auch zum Herzinfarkt führen.

Angeschlagene Gesundheit: Sorgen Sie durch vertiefte Atmung stets für genügend Sauerstoff im Körper. Treiben Sie Sport.

Eine schlechte oder keine Arbeitseinteilung: Schaffen Sie Zeit für das Wichtigste. Treffen Sie Entscheidungen durch zielorientiertes Planen. Lassen Sie sich helfen oder arbeiten Sie stärker mit anderen zusammen.

Angst jeglicher Art, zum Beispiel vor dem Verlust des Arbeitsplatzes, vor der Arbeit selbst, Zweifel an den eigenen Fähigkeiten oder an der eigenen Person: Trainieren Sie die Kunst der Selbstmotivation. Betreiben Sie täglich aktive Autosuggestion.

Die wichtigste Ursache für Überbelastung ist: Sie lieben Ihre Arbeit nicht! Das Geheimnis aller erfolgreichen Menschen ist, dass sie ihre Arbeit lieben, dass sie von ihrer Aufgabe begeistert sind. Leben Sie deshalb konsequent nach dem Prinzip der Begeisterung. Denn Begeisterung wirkt nicht nur nach außen, sondern auch nach innen. Sie lindert nervöse Spannungen, regt den Kreislauf an, verbessert den Stoffwechsel, setzt Glückshormone (Serotonin und Endorphine) frei, gibt Kraft und Energie, aktiviert die Verdauung, schafft Reserven und weckt Wohlbefinden. Daher ist ein begeisterter Mensch niemals überbelastet!

Dank Ihrer eigenen Selbstorganisation können Sie auch andere zielgerichteter motivieren als ein unorganisierter Mensch. Und wenn Sie Ihren Weg gefunden haben, Ihre Zeit für das Wesentlichste einzusetzen, können Sie auch Ihre Mitarbeiter und andere Menschen in Ihrer Umgebung „coachen".

- Denken Sie darüber nach, wem Sie auf welchem Gebiet Nutzen bringen können. Nehmen Sie ein Blatt Papier und schreiben Sie auf, womit Sie welche Person ab morgen motivieren können.
- Delegieren Sie so viele Aufgaben wie möglich! Manches können andere besser als Sie. Geben Sie den Menschen die Gelegenheit, das zu beweisen.
- Motivieren Sie andere dazu, öfter eine Pause einzulegen, um sich zu regenerieren. Ein überarbeiteter, erschöpfter Mensch kann keine Höchstleistungen erbringen. Und wer sich zu viel vornimmt, wird keine Aufgabe richtig erledigen.

Aufgabe

Meine persönliche Zeitplan-Strategie

Nehmen Sie bitte ein Blatt Papier und einen Stift zur Hand und denken Sie darüber nach, wie Sie künftig Zeitmanagement betreiben wollen.

- Schreiben Sie zuerst jene Aufgaben und Tätigkeiten auf, die Ihrem Beruf immer zu den A-Aufgaben gehören, und wie viel Zeit Sie ungefähr für die Erledigung jeder Aufgabe benötigen.
- Wie viele der genannten Aufgaben müssen Sie im Durchschnitt täglich/wöchentlich erledigen? (mit Fristen? wie exakt? mit welchem zeitlichen Spielraum?)
- Welche der Aufgaben könnten Sie, wenn es wirklich nötig wäre, auch mal delegieren? An wen? Teilweise? (in welchem Bereich?)

- Welche Schwierigkeiten und Störungen halten Sie oft vom konsequenten Erledigen Ihrer A-Aufgaben ab? (z. B. Unterbrechung durch Telefon, E-Mail, Kollegen, Mitarbeiter, Unpünktlichkeit anderer)
- Was könnten Sie unternehmen oder veranlassen, um diese Störungen auszuschalten?
- Wie könnten Sie außerdem tun, um Ihre Arbeitseffizienz zu steigern? (z. B. übersichtliches Ordnungs- oder Ablagesystem einrichten, festes Zeitlimit für Tätigkeiten setzen, Mitarbeiter zur Unterstützung holen, neue Mitarbeiter einstellen)
- Womit könnten Sie sich belohnen, wenn Sie Ihre Aufgaben pünktlich erledigt haben?

Schach dem Helfersyndrom!

Ein wichtiger Baustein für Ihren Erfolg ist, anderen Menschen Nutzen zu bringen. Denn wer Nutzen bringt, zieht die Menschen auf seine Seite. Leider verwechseln viele Menschen „Nutzen bringen" mit „ausnutzen lassen". In den helfenden Berufen wie im medizinischen Bereich, im Sozialbereich und in therapeutischen oder seelsorgerischen Berufen wurde erstmals vom „Helfersyndrom" gesprochen. Der Begriff wurde von dem Psychoanalytiker Wolfgang Schmidbauer in den 1970er-Jahren geprägt. Er sprach von „hilflosen Helfern", die grundsätzlich ihre eigenen Bedürfnisse und Wünsche hintanstellen, um anderen zu helfen, die vorgeblich ihre Hilfe so dringend benötigen. Sie wollen um jeden Preis helfen und verwechseln ihre Aufgabe mit Selbstaufgabe. Ein „hilfloser Helfer" findet seine Identität und Bestätigung einzig und allein darin, anderen zu helfen. Dabei kann er sich nicht einmal selbst helfen geschweige denn Hilfe von anderen annehmen. Bevor er andere um Unterstützung bittet, geht er lieber das Risiko des Scheiterns ein. Und häufig endet eine solche Entwicklung in einem körperlichen und seelischen Zusammenbruch, dem Burn-out.

Ein tragisches Merkmal des Helfersyndroms ist die Tatsache, dass gerade Menschen, die scheinbar selbstlos anderen zur Verfügung stehen, sehr viel Anerkennung und Bestätigung brauchen. Ihre Selbstlosigkeit ist gar nicht so selbstlos. Viele „Helfer" beklagen sich über die Undankbarkeit der Menschen oder die mangelnde Anerkennung ihres Einsatzes. Sie suchen also in Wirklichkeit nach Bestätigung und nach Dank dafür, dass sie sich für die anderen so verausgaben. Das Mittel dazu ist das Gefühl, dass andere von ihnen abhängig sind. Der Dank allerdings bleibt meist aus.

Heute weiß man, das Helfersyndrom und seine Folgen betreffen nicht nur die helfenden Berufe. Es ist überall dort anzutreffen, wo Menschen der „Sucht des Gebrauchtwerdens" verfallen. Und diese trifft leider auch viele Führungskräfte zu, speziell dann, wenn ihr Verständnis von Führung ihnen sagt, ihre wichtigste Führungsaufgabe läge darin, ihren Mitarbeitern mit vollem persönlichen Einsatz dabei zu helfen, alle ihre Fähigkeiten und Begabungen zu entwickeln, anstatt sie zu motivieren, sich die Fähigkeiten selbst anzueignen und sie zu entwickeln. Das andere Extrem ist der Chef, der der festen Überzeugung ist, ohne ihn läuft in der Firma gar nichts, und der über jedes Detail auf dem Laufenden gehalten werden muss, Mitarbeitern keine Verantwortung überträgt und sich in jeder Hinsicht für unentbehrlich hält. Die „hilflosen Helfer" in den Führungsetagen übersehen jedoch bei ihrem Verhalten einige wichtige Punkte:

- Wer sich aufopfert, wird zum Opfer.
- Kein Mensch kann auf Dauer für andere da sein oder die Kontrolle über alles behalten.
- Wer das zu lange macht, wer seine Kräfte nicht erneuert, Aufgaben nicht delegiert und andere nicht um Hilfe und Unterstützung bittet, wird ausbrennen.

Die Mitarbeiter von „helfenden" Chefs erkennen zudem instinktiv, dass es dem scheinbar aufopferungswilligen und selbstlosen Vorgesetzten vor allem darum geht, sie abhängig zu machen und sie für die Befriedigung seines Bedürfnisses nach Bestätigung zu benutzen. Mitarbeiter spüren, dass dahinter eine schwache Persönlichkeit ohne Selbstwertgefühl steht, die süchtig danach ist, „gebraucht zu werden". Eine solche Führungskraft führt nicht, sondern sorgt durch widersprüchliches Verhalten auf kurz oder lang für Demotivation der Mitarbeiter.

Stärken Sie Ihre „Nehmen-Seite"!

Das Leben ist ein Geben und Nehmen. Wer nur gibt, schwächt sich auf Dauer selbst. Viele verantwortungsvolle Führungskräfte, denen das Wohl ihrer Mitarbeiter besonders am Herzen liegt, tendieren dazu, sich mit Hilfsangeboten und Unterstützungsmaßnahmen für andere zu verausgaben. Für diese Führungskräfte ist es besonders wichtig, sich der Nehmen-Seite des Lebens zu öffnen. Bitten Sie in den folgenden vier Wochen mindestens drei Personen aus Ihrem beruflichen oder privaten Umfeld um Unterstützung bei einem konkreten Vorhaben. Formulieren Sie Ihren Wunsch als Bitte: „Bitte helfen Sie mir dabei, …". Denken Sie daran: Wer immer nur gibt, schwächt sein Selbstbewusstsein und seine Leistungsfähigkeit; wer sich helfen lässt, stärkt seine Motivation – und die Motivation der anderen!

Bitten Sie um Hilfe!

Wer andere um Hilfe bittet, stärkt nicht nur die Nehmen-Seite in seinem Leben und damit seine Persönlichkeit und Ausstrahlung, er wertet auch den Menschen auf, den er um Unterstützung und Hilfe bittet. Es schmeichelt jedem Menschen, wenn er um Hilfe gebeten wird, denn er sieht, man traut ihm etwas zu. Nichts motiviert Mitarbeiter so sehr wie ein Chef, der ihnen das Gefühl gibt, dass sie für ihn wertvoll sind und dass sie gebraucht werden.

Wenn Sie als Führungskraft sehen, dass einer Ihrer Mitarbeiter oder eine Mitarbeiterin unter einem Helfersyndrom leiden, sich zu viel aufhalst oder von anderen mit immer mehr Aufgaben überhäuft wird, weil er oder sie nicht Nein sagen kann, greifen Sie aktiv ein. Es besteht sonst die Gefahr, dass diese Person aufgrund ständiger Überlastung demotiviert wird oder gar in ein Burn-out rutscht. Sprechen Sie das Thema offen an und analysieren Sie gemeinsam mit allen Mitarbeitern, wie Aufgaben so verteilt werden können, dass niemand aufgrund seiner Bereitwilligkeit, für alle einzuspringen, in Bedrängnis kommt. Und wenn sich herausstellt, dass zu viel Arbeit für zu wenige Mitarbeiter vorhanden ist, dann haben Sie als Führungskraft ohnehin die wichtige Aufgabe, diesem Zustand durch Aufnahme zusätzlicher Mitarbeiter abzuhelfen oder organisatorische Veränderungen einzuleiten, damit alle ihre Aufgabe motiviert erfüllen können.

Wer delegiert, der motiviert!

Chef ist nicht der, der etwas tut, sondern der das Verlangen weckt, etwas zu tun.

Edgard Pisani (geb. 1918), franz. Politiker

„Bei meinen Mitarbeitern dauert die Arbeit, die ich in einer Stunde erledigen kann, drei Stunden. Da mache ich es doch lieber gleich selbst!" Solche Aussagen hören wir immer wieder von Führungskräften, wenn wir darüber sprechen, dass sie unbedingt mehr delegieren sollten. Nun mag es richtig sein, dass der Chef aufgrund seiner Routine und Erfahrung manches wesentlich schneller erledigen kann als seine Mitarbeiter. Doch das bedeutet nicht, dass er es auch tun sollte. Denn was ist ein Ergebnis eines solchen Verhaltens? Auf dem Schreibtisch des Vorgesetzten türmt sich die Arbeit, immer mehr Aufgaben stauen sich an und die Führungskraft kommt nicht zu ihrer eigentlichen Aufgabe, nämlich zu führen, das Unternehmen zu repräsentieren, zukunftsweisende Visionen zu entwickeln und so den Fortbestand des Unternehmens zu gewährleisten und vieles mehr.

Abgesehen davon, dass es eine Vergeudung von Ressourcen ist, wenn der gut bezahlte Abteilungsleiter sich um Dinge kümmert, für die die entsprechenden Sachbearbeiter eingestellt wurden, führt das Unvermögen oder der Unwille zu delegieren unweigerlich zur Überlastung bis hin zum Burn-out. Und wo bleibt die Motivation? Von der ist ab dem Moment nichts mehr zu bemerken, in dem der Chef zu seinem Mitarbeiter voller Ungeduld sagt: „Ach, geben Sie her, ich erledige das …" Der Mitarbeiter, dem die Erledigung dieser Aufgabe offenbar nicht zugetraut wird, ist demotiviert, und der Vorgesetzte, der sich möglicherweise auch noch über den Mitarbeiter ärgert, weil er zu langsam ist oder aus sonstigen Gründen seinen Ansprüchen nicht genügt, ist demotiviert, weil das, was er da soeben an sich gerissen hat, gar nicht zu seinem Job gehört und er seine wichtigen Aufgaben hintanstellt.

Derselbe Effekt tritt übrigens ein, wenn das Helfersyndrom zuschlägt: Der Chef will dem Mitarbeiter den unangenehmen Anruf beim Kunden „ersparen". Oder er möchte ihm die Überstunden für die Vorbereitung der Kundenpräsentation nicht zumuten. Oder er will die Harmonie der Abteilung nicht stören und ersucht den Mitarbeiter, der einen Fehler gemacht hat, nicht, diesen selbst auszubügeln und eine Lösung für das Problem zu finden. Auch hier liegt ein Delegationsproblem vor, das in Verbindung mit einem Helfersyndrom ebenfalls zu einer Belastung und zu allgemeiner Demotivation führen kann.

Auf der einen Seite stehen in vielen Unternehmen Führungskräfte, die sich ständig selbst überfordern, auf der anderen Seite stehen gut ausgebildete Mitarbeiter, die gern mehr Verantwortung übernehmen möchten und gern zeigen würden, was sie können. Wer nun nicht delegiert, verhindert, dass die Mitarbeiter engagiert und motiviert ihre Fähigkeiten entfalten. Tüchtige Mitarbeiter wollen Verantwortung tragen. Wird sie ihnen verweigert, werden sie unzufrieden. Wer nicht delegiert, schadet überdies seinem Unternehmen, das ein Recht darauf hat, dass alle Mitarbeiter ihr Bestes geben.

Führungskräfte nennen unterschiedliche Gründe, warum sie nicht gern delegieren, zum Beispiel:

- Meine Mitarbeiter haben nicht so viel Erfahrung wie ich. Sie wissen oft nicht um die Zusammenhänge einer Aufgabe. Das führt zu Fehlern.
- Ich möchte meine Mitarbeiter nicht überfordern.
- Ich kann die Aufgabe besser und schneller erledigen.
- Meine Mitarbeiter wollen gar nicht, dass ich Aufgaben an sie delegiere.
- Ich traue keinem meiner Mitarbeiter zu, dass er oder sie das Können und die Fähigkeiten hat, um diese Aufgabe zu erledigen.
- Die Aufgabe macht mir richtig Spaß. Es gibt also keinen Grund, sie abzugeben.
- Wenn ein anderer das vielleicht besser macht als ich, verliere ich vor den Mitarbeitern/meinen Vorgesetzten das Gesicht.
- Wenn ich zu viel delegiere, verliere ich den Überblick über die Abläufe.
- Mit Delegieren beschränke ich meinen Einfluss und meinen Machtbereich.
- Wenn andere das auch können, was ich mache, mache ich mich ja überflüssig!

Mit dem Wissen über die Wirkungsweise von Motivation, das Sie während der Arbeit mit diesem Buch schon sammeln konnten, sehen Sie vielleicht schon, wie problematisch jede einzelne dieser Aussagen ist und wo eine gute Führungskraft ansetzen kann, um ihr Führungsverhalten in Richtung positiver Motivation zu lenken. Sie haben vielleicht dieselben oder ähnliche „gute" Gründe, warum Sie weniger delegieren als Sie sollten oder könnten.

Finden Sie gute Gründe, mehr zu delegieren

Wir fordern Sie nun dazu auf, sich gute Gründe auszudenken, warum Sie in Zukunft viel mehr delegieren möchten. Welche Vorteile hat es für Sie, welche für Ihre Mitarbeiter, welche für Ihr Unternehmen, für Ihre Kunden, Ihre Familie, für Ihr Privatleben? Schreiben Sie mindestens zehn Gründe auf, warum Sie ab sofort mehr delegieren!

Schritt für Schritt zu mehr Motivation durch Delegieren

Sie können der Beste auf Ihrem Fachgebiet sein, wenn Sie als Führungskraft nicht delegieren, werden Sie nicht erfolgreich sein. Allein schaffen Sie es nicht. Sie brauchen die Hilfe und die Unterstützung anderer. Aber es genügt nicht, anderen einfach nur die Aufgaben zu übertragen, die man selbst nicht erledigen will und die man deshalb abschieben möchte. Richtiges, weil verantwortungsvolles und motivierendes Delegieren heißt, die Potenziale Ihrer Mitarbeiter so zu nützen, dass diese ihre Fähigkeiten entfalten und sich weiterentwickeln können, während Sie selbst entlastet werden und Zeit für Ihre wichtigen Aufgaben gewinnen.

Dabei ist zu bedenken, dass nicht alle Aufgaben delegiert werden können. Die Kontrolle über Entscheidungen der Mitarbeiter sollten Sie nie völlig abgeben, sonst würden Sie zu viel Führungsverantwortung an andere geben. Wie Ihre Mitarbeiter ihre Aufgaben abarbeiten, also die Handlungsverantwortung, können Sie den Mitarbeitern aber auf jeden Fall übertragen. Delegierbar sind in der Regel Routineaufgaben, Spezialistentätigkeiten, die Bearbeitung von Detailfragen oder vorbereitende Arbeiten wie zum Beispiel Informationsbeschaffung, die Aufbereitung von Daten oder die Vorbereitung von Unterlagen. Um erfolgreich zu delegieren, beachten Sie bitte folgende Schritte:

1. Definieren Sie vorab das Ziel der Aufgabe, die Sie delegieren: Was soll wie und bis wann erreicht werden?

2. Definieren Sie die Aufgabe genau: Wofür soll der Mitarbeiter die Verantwortung tragen?
3. Wählen Sie den geeigneten Mitarbeiter aus: An wen soll weshalb delegiert werden und welche Fähigkeiten muss der Mitarbeiter dafür mitbringen?
4. Überprüfen Sie die Eignung des ausgewählten Mitarbeiters: Welches Wissen bzw. welche Fähigkeit muss der Mitarbeiter für die Ausführung der Aufgabe gegebenenfalls noch erwerben?
5. Beziehen Sie den betreffenden Mitarbeiter frühzeitig ein: Legen Sie das Ziel fest und definieren Sie die Aufgabe.
6. Planen Sie die Aufgabe gemeinsam: Legen Sie die Arbeitsschritte fest – was muss wie und bis wann erledigt werden?
7. Lassen Sie den Mitarbeiter durch Tun lernen: Gestalten Sie die Einweisung in die Aufgabe anschaulich, zum Beispiel durch Vormachen.
8. Begleiten und kontrollieren Sie die Ausführung der Aufgabe: Bieten Sie dem Mitarbeiter Hilfe und Unterstützung an; betrachten Sie die Kontrolle nicht als Misstrauensäußerung, sondern um bei Bedarf rechtzeitig korrigierend eingreifen zu können – erklären Sie das dem Mitarbeiter im Vorfeld.
9. Delegieren Sie auch „Rosinen" und nicht nur lästige, langweilige oder unangenehme Aufgaben. Beachten Sie dabei den Persönlichkeitstyp des Mitarbeiters und wodurch er am besten motivierbar ist.
10. Delegieren Sie dauerhaft und nicht nur sporadisch, am besten als generellen Aufgabenkomplex.
11. Überprüfen Sie den Erfolg in Form einer Ergebnis- und einer Stichprobenkontrolle.

Eine Führungskraft, die motivieren will, muss also über ihren Schatten springen – und delegieren. Delegieren heißt Loslassen – Loslassen von vertrauten Gewohnheiten, von Ängsten, von Misstrauen. Jedes Loslassen aber öffnet neue Türen: Wenn Sie Ihre Mitarbeiter an Entscheidungen beteiligen und sie um ihre Meinung oder ihren Rat bitten, zeigen Sie Vertrauen und bauen gleichzeitig Vertrauen auf! Man vertraut nur dem, der Vertrauen gibt. Trennen Sie sich frohen Herzens von Aufgaben, die andere übernehmen können. Motivieren Sie andere, ihre Leistungsreserven zu mobilisieren. Nichts setzt mehr Leistungsreserven frei als die vertrauensvolle Übertragungen verantwortungsvoller Aufgaben.

> Nur wer delegiert, führt wirklich.
> Nur wer delegiert, motiviert wirklich.

Wer glaubt, vertraut!

Glauben bedeutet, Vertrauen konzentriert auf ein bestimmtes Ziel auszurichten. Ein starker Glaube ist nichts anderes als pures Vertrauen. Wer an etwas wirklich glaubt, vertraut darauf, dass selbst sehr unwahrscheinliche Dinge möglich sind oder eintreffen werden. Deshalb kann der Glaube buchstäblich Berge versetzen, denn er mobilisiert enorme Kräfte, und wer wirklich daran glaubt, wird sein Ziel auch erreichen.

Vertrauen ist ein sehr starker Motivationsfaktor. Ohne Vertrauen würde unsere Welt nicht funktionieren, das gesamte menschliche Leben basiert auf Vertrauen. Leider leben wir in einer Zeit immer größer werdenden Misstrauens und wachsender Ängste. Viele Menschen fürchten sich vor Enttäuschungen und glauben, Misstrauen könne sie davor schützen. Dieser Mangel an Vertrauen führt zu einem Verlust an Lebensqualität, denn wo Vertrauen dem Misstrauen weicht, wird nur noch das Negative gesehen und fühlen sich viele benachteiligt, ungerecht behandelt oder über den Tisch gezogen.

Es kann natürlich immer das Befürchtete eintreten, man kann nicht jedes Risiko komplett ausschalten, aber trotz dieses Risikos lohnt es sich, zu vertrauen. Denn Vertrauen bringt so viel Gutes in die Welt, motiviert Sie und jene, denen Sie vertrauen. Ihr Vertrauen in das Leben kann nur wachsen, wenn Sie sich dem Risiko des Lebens stellen und zulassen, dass es Sie mit ermutigenden, positiven Erfahrungen versorgt.

Lernen Sie, zu vertrauen!

Vertrauensselig – ein schönes Wort. Vertrauen macht selig, den, der es hat, und den, der es einflößt.

Marie von Ebner-Eschenbach (1830–1916),
österr. Schriftstellerin

Vertrauen ist der natürliche Zustand eines gesunden Menschen. Vertrauen ist Energie. Misstrauen hingegen bedeutet Verlust von Lebensenergie, Mangel an Leistungsfähigkeit und Gefahr von Krankheit. Misstrauen frisst Energie. Vertrauen motiviert, Misstrauen ist ein Motivationskiller. Daher ist Vertrauen eine sehr wichtige Grundlage für die Selbstmotivation und die Motivation anderer. Die Wurzeln des Vertrauens bilden sich aus Optimismus, Wertschätzung und intelligentem Handeln. Intelligentes Handeln ist Handeln, dass sich auf Stärken und Fähigkeiten fokussiert. Ihre Stärken und Fähigkeiten und jene Ihrer Mitmenschen. Eine Vertrauenskultur in Unternehmen und in der Gesellschaft insgesamt entsteht, wenn mutige Menschen damit beginnen, positive Handlungen, die das Vertrauen (und das Selbstvertrauen!) stärken, konsequent umzusetzen. Stabil wird die Vertrauenskultur dann, wenn die positiven Handlungen normaler Bestandteil des täglichen Lebens werden. Auch wenn es Krisen und Enttäuschungen gibt, auch wenn das Vertrauen manchmal verletzt wird, die Grundausrichtung sollte immer in Richtung „Ich vertraue" gehen. Dies kann ein langwieriger Prozess sein, aber es lohnt sich, den Weg des Vertrauens zu gehen! Sie können Vertrauen erlernen und Sie können andere auf Ihrem Weg mitnehmen – indem Sie ihnen zeigen, dass Sie ihnen vertrauen und dass man Ihnen Vertrauen entgegenbringen kann, das Sie nicht verletzen werden.

Was bedeutet Vertrauen für mich?

Zu wem oder was haben Sie Vertrauen? Zu einem oder mehreren Mitmenschen, zu dem Unternehmen, für das Sie arbeiten, zu den Produkten, die Sie verkaufen, zu Ihrem Partner, Ihren Kindern? Haben Sie Vertrauen in den Sinn des Lebens, in ein Leben nach dem Tod, in die Güte Gottes? Vertrauen Sie Ihren eigenen Fähigkeiten?

Das Ziel dieser Übung ist nicht, eine „vertrauensselige" Person aus Ihnen zu machen, die jedem Menschen oder jeder Aussage „blind" vertraut, sondern Ihre Aufmerksamkeit darauf zu lenken, wie sich Vertrauen anfühlt. Denn Vertrauen ist eine starke Emotion, die selbst wieder die Basis anderer Emotionen ist. Wenn Sie das in Ihnen vorhandene Vertrauen entdecken und es sich bewusst machen, können Sie künftig damit gezielt arbeiten und es einsetzen, um sich und andere zu motivieren.

Der Glaube ist stärker als die Angst

Die Menschheit wird auf Dauer nur überleben und sich weiterentwickeln, wenn es Menschen gibt, die positiv und voller Vertrauen an die Zukunft denken und den Mut und die Bereitschaft haben, diese Zukunft zu gestalten. Viele Menschen aber fürchten sich vor der Zukunft, sie haben Angst vor dem Ungewissen und vor Veränderungen. Sie lassen lieber alles, wie es ist, auch wenn das weit entfernt von Erfolg, Zufriedenheit, Glück und einem erfüllten Leben ist. Wer Angst vor der Zukunft hat, dem fehlt es auch an Mut, die Zukunft zu gestalten. Die Angst blockiert und nimmt den Mut zum Risiko. Deshalb ist es wichtig, sich von der Angst zu befreien, denn Angst führt zu Mutlosigkeit, Resignation und Misstrauen. Angst blockiert Ihre Fähigkeiten. Dabei sollten Sie diese doch sinnvoll und nutzbringend einsetzen.

Die gute Nachricht: Ängste kann man überwinden. Voraussetzung dafür ist, dass man seine Ängste benennen kann, dass man weiß, wovor man sich fürchtet. Dann kann man daran gehen, sich bewusst damit zu beschäftigen, woher die Angst eigentlich kommt, und herausfinden, was man tun muss, um sich von der Angst zu befreien. Sie haben Angst vor Ihrem Chef? Vor Kundengesprächen? Vor einer ungewissen Zukunft? Vor einem Jobwechsel oder Jobverlust? Wie in einem Seminar gegen Flugangst können Sie sich mit Ihren Ängsten auseinandersetzen und aktiv etwas dagegen tun, um hinterher „abzuheben".

Aufgabe

Wer seine Ängste kennt, kann sich befreien!

Mit dieser Übung können Sie sich Ihre Ängste bewusst machen. Bekennen Sie sich zu Ihren Ängsten, denn nur was Ihnen bewusst ist, können Sie bewusst verändern! Und nur, wenn Sie Ihre Ängste überwinden, können Sie frei und voller Zuversicht Ihre Zukunft planen.

Schreiben Sie alles auf, was Ihnen Angst macht.

Sehen Sie sich Ihre Ängste noch einmal an: Mit welcher dieser Ängste können Sie leben, ohne dass sie Sie blockiert und mutlos macht? Die Angst vor Spinnen mag real sein, aber Begegnungen mit Spinnen sind selten und Sie werden in Ihrem Alltag wenig von dieser Angst belastet sein. Was aber machen Sie, wenn Sie morgens Magenkrämpfe bekommen, wenn Sie an die nächsten Kundenbesuche denken? Oder wenn Sie regelmäßig vor Teammeetings Schweißausbrüche haben, weil Sie Ihre Zahlen vor allen präsentieren müssen? Sie werden auf Dauer keinen Erfolg in Ihrem Beruf haben, wenn Sie solche Ängste nicht überwinden, weil diese jeglicher Motivation im Wege stehen.

Welche Ihrer Ängste werden Sie also in den nächsten Monaten bewusst überwinden?

Viele reagieren auf Ängste mit Veränderungen ihres bisherigen Lebens und wechseln zum Beispiel ihren Beruf. Ängste vor Kundenkontakten könnte zum Beispiel dazu führen, dass der Betreffende sich einen Job sucht, in dem er keinen direkten Kundenkontakt hat. Das mag auf den ersten Blick wie eine Lösung aussehen, doch ist es das wirklich? Die Angst ist damit nicht beseitigt, es handelt sich hier lediglich um eine Vermeidungstaktik. Besser ist es, die Angst zu überwinden, indem Sie sich bewusst der Situation stellen und Ihr eigenes Verhalten, zum Beispiel in der angstmachenden Kundensituation – kritisch unter die Lupe nehmen. Manchmal bewirkt schon eine Verhaltensänderung, dass Sie etwas nicht mehr als bedrohlich wahrnehmen. Denn Ihr Verhalten beeinflusst auch das Verhalten Ihres jeweiligen Gegenübers.

Schreiben Sie auf, was Sie in der nächsten Zeit aktiv tun werden, um die Ängste, die Sie blockieren und am Erfolg hindern, zu überwinden.

- Was macht Ihnen Angst?
- Was werden Sie dagegen tun?
- Wann?

Beispiele: ein Seminar besuchen, jemanden um Unterstützung bitten, ein Gespräch mit jemandem führen, eine Verhaltensweise ändern, eine spezielle Autosuggestion anwenden

Das sind die beiden mächtigsten Kräfte in der Welt: die Angst und der Glaube – und der Glaube ist stärker als die Angst. Das große Geheimnis, mit Sorgen fertig zu werden, besteht darin, die Angst durch den Glauben zu ersetzen. Wenn der Glaube und nicht die Angst uns beherrscht, werden wir unsere Sorgen meistern.

Doch wie ersetzt man die Angst durch den Glauben? Indem man sein Gemüt so lange mit Glauben erfüllt, bis die Angst vertrieben ist, zum Beispiel mit folgender Autosuggestion für Vertrauen und Überwindung von Ängsten:

> Da Vertrauen der sicherste Weg zum Erfolg ist, werde ich eine Vertrauen einflößende Persönlichkeit.
>
> Vertrauen öffnet das Tor zum Unterbewusstsein, es erzeugt Sympathie und Liebe.
>
> Vertrauen öffnet das Tor zu meiner Zukunft, mit Vertrauen überwinde ich alle Ängste, denn mein Vertrauen erzeugt Hoffnung und Zuversicht.
>
> Aus Vertrauen wächst mein Selbstbewusstsein. Vertrauen überwindet Bedenken, Zweifel und Misstrauen.
>
> Vertrauen ist der Schlüssel zu meinen Begabungen und Talenten.
>
> Ja, ich werde eine Vertrauen einflößende Persönlichkeit und werde das Vertrauen niemals verlieren.

Wer Vertrauen zu sich selbst und zu anderen hat, kann sein Leben und seine Zukunft aktiv und voller Zuversicht gestalten. Wer andere Menschen dazu bringt, dass sie ihm vertrauen, ist jemand, der andere motivieren und begeistern kann. Vertrauen zu bilden heißt, seine Motivationskraft zu trainieren. So entwickeln Sie Vertrauen in sich selbst und in andere:

- Trainieren Sie sich darin, die Zeichen des Misstrauens frühzeitig zu erkennen. Setzen Sie eine wohlwollende und ermutigende Kommunikation dagegen.
- Die Kunst, Vertrauen zu gewinnen, erfordert Respekt vor der Einzigartigkeit jedes Menschen.
- Vertrauensbildung ist keine kurzfristige Maßnahme, sondern basiert auf der Wertschätzung von Mensch und Leistung.

- Wir können uns aus dem Teufelskreis der Angst befreien, indem wir uns auf die Chancen konzentrieren, aktiv werden und durch mutiges Handeln positive Erfahrungen erzeugen.
- Wiederholung führt zur Meisterschaft. Wer regelmäßig trainiert, erwirbt Vertrauen in seine Fähigkeiten.
- Besinnen Sie sich auf Ihre Stärken und Fähigkeiten. Optimismus, Wertschätzung und intelligentes Handeln bilden die Wurzeln des Vertrauens.
- Gewohnheiten sind die Säulen Ihrer Identität. Jede positive Gewohnheit bildet eine sich selbst verstärkende Spirale und stärkt Ihr gefühltes Vertrauen.
- Beachtung bringt Verstärkung. Nutzen Sie Ihre Vorstellungskraft, um Ihre unbewussten Kräfte auf ein attraktives Ziel zu projizieren.
- Senden Sie eindeutige Signale des Vertrauens. Ihr Vertrauensvorschuss erweckt im Herzen der anderen den Wunsch, auch Ihnen zu vertrauen.
- Trainieren Sie sich darin, Gemeinsamkeiten zu entdecken und zu verstärken. Je mehr Gemeinsamkeiten spürbar sind, desto schneller kann sich Vertrauen entwickeln.
- Sprechen Sie weniger über das, was Ihnen am anderen nicht gefällt, sondern darüber, was Sie sich in Zukunft von ihm wünschen.
- Werden Sie sich Ihrer Außenwirkung bewusst. Nur wenn Sie wissen, wie Sie auf andere wirken, können Sie souverän kommunizieren.
- Teilen Sie Ihr positives Lebensgefühl mit anderen Menschen. Entwickeln Sie sich zu einem attraktiven Vorbild.
- Nur wenn Sie Ihre Mitmenschen positiv beeinflussen, gewinnen Sie ihr Vertrauen. Trainieren Sie sich in der Kunst der positiven Beeinflussung.
- Sorgen Sie für ein positives Gesprächsklima. Je größer das Vertrauen, desto wirkungsvoller können Sie andere Menschen beeinflussen.

- Ein starker Glaube wurzelt im Vertrauen. Sie können enorme Kräfte mobilisieren, wenn Sie fest an Ihre Ziele glauben.
- Arbeiten Sie an der Entwicklung Ihrer Persönlichkeit. Je mehr sich Ihre Persönlichkeit entfaltet, desto kraftvoller wird die Wirkung Ihrer positiven Kommunikation.

> *All die Jahre hoffen wir, jemanden zu finden, der uns versteht, jemanden, der uns so akzeptiert, wie wir sind, jemanden, der die Kraft eines Zauberers besitzt, um Steine zu Sonnenlicht zu schmelzen, der uns Glück statt Plagen bringt, der nachts unseren Drachen die Stirn bieten kann und in der Lage ist, uns in die Seele zu verwandeln, die wir gerne sein möchten.*
>
> *Gestern erst stellten wir fest, dass der magische Jemand das Gesicht ist, das wir im Spiegel erblicken: All diese Jahre, und endlich sind wir uns begegnet. Stell dir das bloß mal vor.*
>
> Richard Bach: Heimkehr, Aus dem Epilog

Die Motivationsbooster: Überzeugungskraft und Wachstumsanreize

Wer die Menschen behandelt, wie sie sind, macht sie schlechter; wer die Menschen behandelt, wie sie sein können, macht sie besser.

Johann Wolfgang von Goethe

Es gibt tatsächlich Vorgesetzte, die sich davor fürchten, dass das Potenzial und die unentdeckten Fähigkeiten ihrer Mitarbeiter ans Tageslicht kommen. Denn Mitarbeiter, die sich ihrer Begabung und ihrer Fähigkeiten bewusst sind, haben meist ein ausgeprägtes Selbstwertgefühl. Und das schätzen nicht alle Chefs, besonders jene nicht, deren Selbstbewusstsein nicht besonders ausgeprägt ist. Sie fühlen sich von selbstbewussten Mitarbeitern bedroht und halten sie klein statt sie zu fördern.

Eine gute Führungskraft hingegen erkennt die Möglichkeiten, die in ihren Mitarbeitern stecken, und hat ein ehrliches Interesse daran, diese Ressourcen zu aktivieren. Ein verantwortungsbewusster Chef weiß, dass sein Erfolg von den ihm zuarbeitenden Mitarbeitern abhängig ist und dass er dafür zu sorgen hat, dass die Mitarbeiter die dafür notwendigen Bedingungen vorfinden.

Ein Höchstmaß an Produktivität wird dann erreicht, wenn alle Mitarbeiter ihre Arbeit verrichten, so gut sie können. Dazu sind sie am ehesten bereit, wenn sie für sich selbst einen Nutzen in ihrem Tun erkennen. Die Aufgabe der Führungskraft ist es daher, sie von diesem Nutzen zu überzeugen. Überzeugungskraft ist Führungsmacht und am ehesten überzeugen Sie Ihre Mitarbeiter, wenn Sie ihnen einen Nutzen aufzeigen können, den ihr Einsatz für sie hat. Das heißt,

- wenn es Ihnen gelingt, Ihre Mitarbeiter von Ihren Zielen zu überzeugen, werden sie diese Ziele bereitwillig zu ihren eigenen Zielen machen. Seinen eigenen Zielen aber fühlt sich jeder Mensch mehr verpflichtet als fremden, unverständlichen oder unattraktiven Zielen.
- wenn Sie Ihre Mitarbeiter vom Nutzen ihrer Tätigkeit überzeugen können, werden sie sich persönlich viel mehr engagieren, als wenn ihnen der Nutzen nicht deutlich wird.
- wenn Sie Ihre Mitarbeiter davon überzeugen können, dass Sie ihnen mehr zutrauen, als sie bisher gezeigt haben, werden sie mehr Kräfte und Einsatz in sich mobilisieren als bisher. Jeder Mensch schätzt und liebt es, wenn man ihm Wertschätzung zeigt und Verantwortung zutraut.

Entwicklung braucht Impulse

Wir leben in einer Zeit, in der Veränderung etwas ganz Normales ist; denken Sie allein an den technischen Fortschritt, der mit dem Einzug des

Computers und des Internets die Arbeitswelt komplett umgekrempelt hat, an die Globalisierung der Wirtschaft oder an die Öffnung Osteuropas. Wer nicht bereit ist, mit diesen Entwicklungen mitzuwachsen und offen gegenüber Neuem zu sein, wird es in Zukunft schwer haben, sein Leben aktiv zu gestalten und aus den sich bietenden Möglichkeiten etwas zu machen. Die Dynamik der Veränderungen wird sich noch verstärken und die damit einhergehenden Herausforderungen und Probleme müssen gelöst werden. Es ist also unerlässlich, dass sich Menschen und Unternehmen diesen Veränderungen stellen und sich mit ihnen entwickeln. Ein verantwortungsvolles Unternehmen mit verantwortungsvollen Führungskräften weiß, dass es seinen Mitarbeitern Visionen aufzeigen, einen Sinn vermitteln und Impulse geben muss, mit einem Wort: dass es sie motivieren muss. Die Impulse, die dazu nötig sind, bezeichnen wir als Wachstumsanreize. Die Mitarbeiter sollen den dringlichen Wunsch verspüren, sich zu entwickeln, besser zu werden, ihre Potenziale zu wecken und an den Veränderungen aktiv mitzuarbeiten. Und dies gelingt guten Führungskräften, indem sie ihre Mitarbeiter von ihren Visionen, Zielen und Plänen überzeugen und sie dazu motivieren, mit vollem Einsatz an der Umsetzung mitzuwirken.

Aufgabe

Lassen Sie Ihre Mitarbeiter über sich selbst hinauswachsen!
Eine Führungskraft, die ihre Mitarbeiter wirklich motivieren will, muss überzeugende Wachstumsanreize bieten. Nehmen Sie sich ausreichend Zeit und beantworten Sie die folgenden Fragen so ausführlich wie möglich.

1. Welche Chancen werde ich meinen Mitarbeitern in Zukunft bieten, Nutzen zu bringen und damit ihren eigenen Wert festzulegen?
2. Welche Impulse (Wachstumsanreize) kann ich setzen, damit meine Mitarbeiter sich weiterentwickeln und Bestleistungen erbringen?

3. Auf welche Art und Weise kann ich mein großes Ziel überzeugend, inspirierend und motivierend vermitteln?
4. Wo kann ich bei meinen Mitarbeitern noch Reserven mobilisieren?
5. Welche Anreize kann ich meinen Mitarbeitern bieten, sodass sie bereit sind, ihre Reserven zu mobilisieren?
6. Wie kann ich meine Mitarbeiter zu aktivem, selbstverantwortlichem Handeln motivieren?
7. Wie kann ich meinen Mitarbeitern meine Anerkennung zeigen?
8. Wie kann ich die Stärken meines Teams stärken?

Wachstumsanreize setzen Sie auch dann, wenn Sie Ihre Mitarbeiter in Ihre Pläne einbeziehen. Vermitteln Sie Ihre Vision so begeisternd, dass Sie in Ihren Mitarbeitern den Wunsch erwecken, dieses Ziel unbedingt erreichen zu wollen. Sprechen Sie die Menschen auf der Gefühlsebene an, wecken Sie in ihnen den Wunsch nach Erfolg!

Was wollen Ihre Mitarbeiter?

Als gute Führungskraft können Sie Ihren Mitarbeitern Ihre Visionen und Ziele mit Begeisterung näherbringen und sie fördern, ihnen Wachstumsanreize bieten und ihnen einen Weg zum Erfolg weisen. Doch um den erfolgreichen Weg wirklich gemeinsam gehen zu können, ist es wichtig, dass Sie auch die Sichtweise der Mitarbeiter berücksichtigen, denn ganz sicher haben diese auch für Sie wertvollen Input, mit dem Sie Ihre Ziele und die Ziele des Unternehmens noch besser formulieren und gestalten können. Finden Sie daher unbedingt heraus, wo die persönlichen Neigungen Ihrer Mitarbeiter liegen. Denn jeder Mensch kann sich theoretisch in jedes Gebiet einarbeiten, doch wenn das Gebiet den eigenen Neigungen entspricht, wird die Motivation und damit auch der Erfolg und der Nutzen für Ihren Mitarbeiter, für Sie und das Unternehmen wesentlich größer sein, als wenn Sie die Aufgaben einfach nur verteilen.

Setzen Sie Wachstumsanreize, indem Sie in Ihren Mitarbeitern den Wunsch nach Erfolg wecken. Fordern Sie Ihre Mitarbeiter in einem Gespräch auf, ihre Ziele für sich selbst zu formulieren und Schritt für Schritt festzulegen, mit welchen Mitteln, Fähigkeiten und Methoden sie diese Ziel bis wann erreichen wollen. Machen Sie das ruhig auch im Team, denn so kann jeder einzelne Mitarbeiter seine Vorstellungen vor anderen formulieren und die Menschen können sich besser kennenlernen und sich gegenseitig inspirieren. Stellen Sie Ihren Mitarbeitern – einzeln oder im Team – folgende drei Fragen:

- Warum arbeiten Sie?
- Wofür arbeiten Sie?
- An welcher Aufgabe arbeiten Sie?

Besprechen Sie diese Fragen ausführlich und offen und finden Sie auf diese Weise heraus, was Ihre Mitarbeiter wirklich wollen und welche Erwartungen sie an ihre berufliche Zukunft haben. Beachten Sie dabei die Unterschiede der Menschen hinsichtlich ihrer Motivation, wie wir sie im Kapitel „Jeder Mensch tickt anders" beschrieben haben, und denken Sie immer daran: Jeder Mensch ist motivierbar, aber jeden Menschen motiviert etwas anderes!

Anfeuern statt verheizen

Die besten Führungskräfte sind jene, die andere mitziehen und mitreißen, weil sie selbst motiviert sind. Sie kennen ihre Motive und die Motive ihrer Mitarbeiter. Gute Führungskräfte feuern ihre Mitarbeiter an, schlechte Führungskräfte verheizen sie. Leider ist die zweite Führungsmethode weit verbreitet, und es scheint, als fiele das Demotivieren von Mitarbeitern vielen Managern leichter als das Motivieren. Vielen ist dabei gar nicht bewusst, dass ihre Methode das Gegenteil von dem bewirkt, was sie eigentlich bezwecken. Und mancher verwechselt das Verheizen mit Managen, weil er es selbst von seinen Vorgesetzten nicht anders erfährt oder die Unternehmenskultur ein bestimmtes Verhalten vorgibt.

Wenn Sie wirklich erfolgreich sein wollen – und das bedeutet, auch andere erfolgreich zu machen –, wenn Sie ein wirklich guter Motivator werden möchten, ist es nun Zeit, Ihr Führungsverhalten einmal genau unter die Lupe zu nehmen. Die folgende Übung ist etwas umfangreicher, nehmen Sie sich also bitte wirklich ausreichend Zeit, um über die Aussagen nachzudenken und sich Gedanken über die Auswirkungen und über mögliche Alternativen zu machen.

Aufgabe

Überprüfen Sie Ihr Führungsverhalten

Sind Sie eine Führungskraft, die ihre Mitarbeiter anfeuert und begeistert? Oder gehören Sie zu jenen, die ihre Mitarbeiter demotivieren? In der Liste finden Sie typische Verhaltensweisen und Eigenschaften von Führungskräften, die ihre Mitarbeiter verheizen. Fragen Sie sich bitte selbstkritisch, welche dieser Verhaltensweisen Sie bei sich schon einmal entdeckt haben. Kreuzen Sie diese Punkte an und überlegen Sie sich alternative Verhaltensweisen oder Eigenschaften, die vielleicht zu mehr Erfolg geführt hätten:

Wie Mitarbeiter demotiviert werden	Kenne ich bei mir	Mögliche Alternative
Ich probiere ständig etwas aus und verwerfe es wieder, wenn es nicht klappt.		
Ich fühle mich übergangen, wenn einer meiner Mitarbeiter über meinen Kopf hinweg eine Entscheidung trifft.		
Wenn einer meiner Mitarbeiter mich enttäuscht, kann ich ihm das nie vergessen.		

Ich informiere meine Mitarbeiter nur bei Bedarf und wenn ich es für nötig halte.		
Ich bin ein kreativer Chaot. Meine Mitarbeiter sehen mich immer nur hinter einem vollen Schreibtisch und mit drei Handys gleichzeitig in der Hand.		
Ich erwarte von meinen Mitarbeitern, dass sie alle Vorgaben erfüllen, auch wenn sie nicht die nötigen Arbeitsmittel zur Verfügung haben.		
Ich setze meinen Mitarbeitern immer mehrere Ziele. Sie können dann selbst entscheiden, was ihnen am wichtigsten ist.		
Je mehr Aufgaben ich meinen Mitarbeitern gebe, desto mehr wird auch erledigt.		
Ich erwarte selbstverständlich immer gute Leistungen von meinen Mitarbeitern.		
Meine Mitarbeiter müssen so flexibel sein, dass sie sofort in der Lage sind, jede meiner Ideen umzusetzen.		
Ich dulde keine Fehler. Wenn ein Mitarbeiter einen Fehler macht, kritisiere ich ihn sofort, egal, ob jemand Dritter dabei ist oder nicht.		
Wenn etwas schief läuft, suche in den Schuldigen und weise ihn zurecht.		
Nur mit Ellbogen-Mentalität kommt jemand bei mir nach oben.		

Denn Sinn der Arbeit muss jeder für sich selbst herausfinden.		
Ich ärgere mich, wenn ich offensichtlich nicht verstanden werde oder jemand mich einfach nicht verstehen will.		
Ich mache meine Mitarbeiter immer wieder auf den Berg aufmerksam, der noch vor ihnen liegt.		
Arbeit ist kein Zuckerschlecken! Meine Mitarbeiter sollen immer wissen, dass ich alles von ihnen erwarte und dass sie hart arbeiten müssen.		

Haben Sie die Übung durchgeführt und sich ein Bild von Ihrem Führungsverhalten und seinen Auswirkungen gemacht? Wenn Sie demotivierende Anteile in Ihrer Führung entdeckt haben, lassen Sie sich davon nicht entmutigen, sondern nehmen Sie dies zum Anlass, Schritt für Schritt Ihr Verhalten zu verändern und von der Demotivation zur Motivation zu kommen – Sie werden staunen, wie schnell sich das auf Ihre Beziehung zu Ihren Mitarbeitern auswirkt und welche Erfolge Sie sehr rasch haben werden. Achten Sie dabei aber darauf, dass Ihre Verhaltensänderung glaubwürdig und dauerhaft und für Ihre Mitarbeiter auch nachvollziehbar und annehmbar ist. Wenn Sie mehrere Punkte entdeckt haben, die Sie künftig anders machen wollen, nehmen Sie sich nicht zu viel auf einmal vor, sondern machen Sie sich eine Prioritätenliste, arbeiten Sie daran, dass Ihre geänderten Verhaltensweisen sich als Gewohnheiten in Ihnen festigen und auch Ihre Mitarbeiter sich daran gewöhnen können, dass Sie von Ihnen nun mit Begeisterung und Optimismus geführt und motiviert werden.

In der folgenden Liste haben wir Verhaltensweisen zusammengestellt, mit denen Sie Ihre Mitarbeiter anfeuern und positiv motivieren können. Nehmen Sie sich wieder ausreichend Zeit und schreiben Sie zu jeder

Aussage auf, was Sie konkret tun wollen, um Ihre Verhaltensweisen neu auszurichten. Vorab zwei beispielhafte Erklärungen zu den Aussagen auf der Liste:

Aussage: Ich nehme mir immer nur eine Sache vor und ziehe sie durch, bis ich sie erledigt habe. **Das mache ich konkret:** Ich teile meine Tätigkeiten in A-, B- und C-Aufgaben ein und erledige zuerst konzentriert die A-Aufgabe, also das Wichtigste.

Aussage: Ich dulde unter meinen Mitarbeitern keine Ellbogen-Mentalität. Jeder kann und soll durch Leistung überzeugen, dies aber niemals auf Kosten anderer. **Das mache ich konkret:** Beim nächsten Abteilungsmeeting werde ich darauf achten, dass der dominante Herr Meier nicht immer alle unterbricht, und besonders Frau Fischer bitten, ausführlich über ihr Projekt zu berichten.

Und nun zu den Verhaltensweisen, mit denen Sie Ihre Mitarbeiter ab sofort positiv motivieren können. Schreiben Sie auf, was Sie konkret machen werden, um die Aussagen umzusetzen:

- Ich nehme mir nur eine Sache vor und ziehe sie durch, bis ich sie erledigt habe.
- Wenn meine Mitarbeiter eigene Entscheidungen treffen, freue ich mich über ihre Bereitschaft, Verantwortung für das gemeinsame Ziel zu übernehmen.
- Enttäuschungen gehören zum Leben. Wenn mich ein Mitarbeiter enttäuscht, setze ich mich mit ihm zusammen, um darüber zu sprechen, wie wir in Zukunft solche Enttäuschungen verhindern können.
- Ich informiere meine Mitarbeiter konsequent über alle Belange, die ihre Arbeit mittelbar und unmittelbar betreffen. Nur Mitarbeiter, die gut informiert sind, können Vertrauen entwickeln.
- Ich bin meinen Mitarbeitern auch bei der Selbstorganisation ein Vorbild. Ich gehe nicht eher nach Hause, bis ich die Arbeit, die ich

Tag für Tag eingeplant habe, erledigt habe und einen aufgeräumten Schreibtisch hinterlasse.

- Ich stelle meinen Mitarbeitern immer alle Arbeitsmittel zur Verfügung, die sie zur Erledigung ihrer Aufgaben brauchen. Ich weiß, dass sie nur erledigen werden, was sie auch erledigen können.

- Ich setze meinen Mitarbeitern nur ein Ziel, das wir gemeinsam erreichen wollen. Jede Ablenkung von diesem Ziel ist schädlich. Das wichtige Ziel wird immer wieder deutlich formuliert. Ich bin ständig darum bemüht, herauszufinden, ob der eine Mitarbeiter eventuell mehr Unterstützung dabei braucht oder der andere mehr persönlichen Freiraum.

- Ich sorge dafür, dass meine Mitarbeiter nur so viele Aufgaben erhalten, wie sie auch erledigen können. Nur jene Aufgaben sind sinnvoll, die zu dem wichtigen Ziel hinführen.

- Ich freue mich über gute Leistungen und teile dem Mitarbeiter, der diese Leistung erbracht hat, meine Anerkennung offen mit. Spitzenleistungen sind keine Selbstverständlichkeit, sondern sollten immer besonders hervorgehoben werden.

- Ich versuche, meine Mitarbeiter nicht durch Ideensprünge abzulenken. Konzentration auf eine Aufgabe ist wichtiger als das Präsentieren immer neuer Ideen.

- Fehler zu machen ist menschlich. Mit einem Mitarbeiter, der einen Fehler gemacht hat, spreche ich ausschließlich unter vier Augen darüber. Dabei geht es nicht um Vorwürfe, sondern darum, wie künftig solche Fehler vermieden werden können.

- Ist etwas schief gelaufen, übernehme ich als Führungskraft die Verantwortung und suche nach Lösungen, wie ich in Zukunft verhindern kann, dass so etwas noch einmal passiert. Den Lösungsvorschlag teile ich meinen Mitarbeitern als Ergebnis einer Erfahrung mit, die uns alle klüger gemacht hat.

- Ich dulde unter meinen Mitarbeitern keine Ellbogen-Mentalität. Jeder kann und soll durch Leistung überzeugen, dies aber niemals auf Kosten anderer.
- Weil ich selbst Erfüllung und Sinn in meiner Arbeit sehe, kann ich auch meinen Mitarbeitern den Sinn ihrer Arbeit vermitteln.
- Wenn mich meine Mitarbeiter nicht verstehen, frage ich mich, woran das liegen könnte – zum Beispiel an meiner Art, die Dinge zu formulieren, mich kompliziert oder unklar auszudrücken, zu viel zu erwarten. Wenn ich die Gründe herausgefunden habe, versuche ich sie entsprechend zu verändern.
- Immer wieder stimme ich meine Mitarbeiter auf das große gemeinsame Ziel ein. Die Arbeit, die vor uns liegt, ist kein unüberwindbarer Berg, sondern der Weg zu diesem Ziel. Das mache ich meinen Mitarbeitern durch meine Begeisterung, meinen Optimismus, meine motivierte Haltung deutlich.
- Es gibt keine Arbeit, die man nicht in Genuss verwandeln kann. Durch Motivation entsteht Schaffensfreude. Wenn Menschen an ihrer Aufgabe wachsen, sind sie glücklich. Deshalb sehe ich meine Aufgabe als Führungskraft darin, meine Mitarbeiter glücklich zu machen, indem ich dafür sorge, dass sie an ihrer Arbeit Freude haben.

Betrachten Sie diese Auflistung der motivierenden Verhaltensweisen begeisternder Führungskräfte als Ihre persönliche Checkliste. Schauen Sie sie sich von Zeit zu Zeit an und überprüfen Sie, ob Sie bei den einzelnen Punkten Ihr motivierendes Verhalten dauerhaft festigen konnten.

Motivieren Sie durch gezielte Fragen

Eine motivierende Führungskraft interessiert sich für Probleme, Wünsche und Interessen ihrer Mitarbeiter. Und dies ehrlich und nicht nur oberflächlich und unaufmerksam. Aktivieren Sie die persönliche Motivation Ihrer Mitarbeiter durch gezielte Fragen, die

- eine Sache oder ein Problem betreffen: „Was könnten wir Ihrer Meinung nach tun, um mit dem Kunden zu einer Lösung zu finden?", „Was denken Sie, wie können wir die notwendigen Einsparungen den Mitarbeitern in der Abteilung am besten erklären?", „Haben Sie eine Idee, wie wir diesen Ablauf weniger fehleranfällig machen könnten?"

- sich auf die Aufgaben oder die Position beziehen: „Wie könnten wir die Kollegin Fischer bei ihrer Aufgabe als Projektmanagerin noch besser unterstützen?", „Die Firma hat noch Reserven beim Bildungsbudget, haben Sie Vorschläge, welche Trainer wir in diesem Jahr noch einladen könnten?", „Was können wir Ihrer Meinung nach tun, um unsere Lieferanten noch besser in unsere Produktentwicklung zu integrieren?"

- die Person in der Position oder der Aufgabe ansprechen: „Sie haben die Abteilung wirklich auf Vordermann gebracht, welche Verbesserungen würden Sie gerne noch umsetzen?", „Wir planen die Einrichtung eines Förderprogramms für künftige Führungskräfte im Unternehmen. Welche Schwerpunkte sollten wir dabei Ihrer Meinung nach setzen?", „Was spricht aus Ihrer Sicht für, was gegen eine Erweiterung unserer Geschäftsfelder?"

Stellen Sie im Gespräch den persönlichen, konkreten Nutzen für den Mitarbeiter in den Vordergrund, beispielsweise: „Sie haben die Chance …" statt „Es ist jetzt möglich …".

Motivation ist die Fähigkeit, die „Antreiber" oder Triebfedern des einzelnen Mitarbeiters zu aktivieren, und sie verfolgt dabei immer den echten Vorteil für beide Seiten – die Führungskraft und den Mitarbeiter oder die Mitarbeiterin!

Anerkennung, Anerkennung, Anerkennung

Ich bin bis heute dem Mann noch nicht begegnet, wie berühmt er auch sein mochte, der nicht nach einer Anerkennung besser und einsatzfreudiger gearbeitet hätte als nach einem Tadel.

Charles M. Schwab (1862–1939),
amerikan. Industrieller

Jeder Mensch wünscht sich, beachtet zu werden, und wünscht sich positives Feedback. Wer nicht beachtet wird, verkümmert. Demotivation ist die Folge von Nichtbeachtung, fehlender Anerkennung und fehlender Wertschätzung. Doch Achtung: Alles, was Sie beachten, verstärkt sich. Wenn Sie nur auf das Negative achten, verstärkt sich das Negative. Achten Sie hingegen auf das Positive, hat dies einen positiven Effekt.

Vielleicht kennen Sie diesen Spruch: „Jede Führungskraft hat die Mitarbeiter, die sie verdient." Das bedeutet, leistungsbereite, motivierte Mitarbeiter werden gut geführt, unmotivierte Mitarbeiter haben eine schlechte Führung. Warum aber gelingt es manchen Führungskräften, ihre Mitarbeiter zu Höchstleistungen anzuspornen, während andere offensichtlich nur Mitarbeiter haben, die lustlos arbeiten und ihre Leistungsreserven nicht mobilisieren, Dienst nach Vorschrift leisten und sich nicht über das nötige Mindestmaß hinaus engagieren? Und woran lässt sich schlechte Führung in erster Linie erkennen?

Die Führungskräfte, die mit der Leistung ihrer Mitarbeiter unzufrieden sind, sehen in der Regel nur das, was diese nicht gut machen. Sie sehen nur die Fehler und reagieren darauf mit Kritik. Schlechte Führungskräfte glauben, ihre Mitarbeiter würden bessere Leistungen erbringen, wenn sie mit Kritik für ihre schlechte Leistung konfrontiert werden. Doch wie Sie bereits wissen: Beachtung bringt Verstärkung, und das gilt natürlich auch für schlechte Leistung, die kritisiert wird. Kritik, auch wenn sie noch so

„sanft" formuliert und noch so „konstruktiv" oder „aufbauend" gemeint ist, bleibt immer eine negative Aussage, eine negative Bewertung. Und niemand will kritisiert werden, Kritik weckt immer Widerstand, ob verdeckten wie „innere Kündigung" oder offenen Widerstand wie Protest, eine Verteidigungshaltung oder Rechtfertigungen.

Wer am anderen nichts Gutes findet, ist nur zu faul, danach zu suchen.

Aufgabe

Denken Sie an eine Situation, in der Sie selbst kritisiert wurden:
- Wie haben Sie sich gefühlt?
- Wie haben Sie reagiert?
- Was hat die Kritik in Ihnen ausgelöst?
- Was fühlen Sie, wenn Sie jetzt über diese Situation nachdenken?

Und nun sehen wir uns die Situation aus der Perspektive des Kritisierenden an: Haben Sie selbst schon andere Menschen (Mitarbeiter, Lebenspartner, Ihre Kinder ...) kritisiert?
Notieren Sie bitte, welche Gründe Sie dafür hatten und was Ihre Kritik bewirkt hat.
- Wer war die kritisierte Person?
- Was war der Kritikpunkt?
- Was hat Sie zu der Kritik bewogen?
- Was war die Wirkung Ihrer Kritik?

Fragen Sie sich:
- Was ist durch meine Kritik wirklich dauerhaft und entscheidend besser geworden, sodass ich seitdem keinen Grund mehr hatte, zu kritisieren?
- Hat sich irgendetwas positiv und in meinem Sinne verändert?

Kritik ist Demotivation pur, sie hat nur Negatives zur Folge. Was wird durch Kritik erreicht? Kreuzen Sie an, welche der in der folgenden Liste aufgeführten Empfindungen, Effekte und Reaktionen Sie selbst bei Ihnen gegenüber geäußerter Kritik schon erlebt haben oder was Sie bei anderen beobachtet haben:

Kritik bewirkt	Das kenne ich
Aggressivität	
Angst vor weiterer Kritik	
Das Gegenteil dessen, was erreicht werden sollte	
Desinteresse	
Energieverlust	
Gegenkritik	
Lustlosigkeit	
Rechtfertigungen	
Schlechte Laune	
Streit	
Verletzung	
Verstärkung der negativen Stimmung	
Vertrauensverlust	
Verunsicherung	

Kritik, Tadel und Zurechtweisung, vielleicht auch noch im Beisein anderer, sind die schlechtesten Methoden, die eine Führungskraft einsetzen kann. Das Gegenteil von Kritik bedeutet jedoch nicht, dass Sie einen Kuschelkurs fahren und alle mit Samthandschuhen anfassen sollen, wie schwache Führungskräfte es oft machen. Wir haben es bei den 33 Motivationskillern gesehen: Eine schwache Führungskraft, die keine Autorität besitzt, demotiviert ebenso wie eine, die ständig negativ kritisiert. Eine gute Führungskraft, ein guter Motivator, weiß:

Alles, was Sie kritisieren können, können Sie auch positiv formulieren!

Niemand liebt Kritik, auch Sie nicht. Worauf Sie jedoch immer positiv reagieren, ist Anerkennung und Lob. Anerkennung ist eine der besten Motivationsmethoden, die Sie anwenden können. Wir möchten Ihnen an dieser Stelle daher noch einmal eindrücklich ans Herz legen, wie wichtig Lob und Anerkennung für die Motivation anderer ist.

Lob ist eine besonders wirksame Suggestion. Die Technik der Suggestion hilft Ihnen zum einen, sich selbst in eine positive Stimmung zu versetzen, Ihre Gedanken positiv auszurichten und somit mit sich und anderen auf positive Weise zu sprechen. Lassen Sie deshalb anderen Menschen das zukommen, was Sie selbst mögen. Loben Sie, statt zu kritisieren!

Sie werden nun vielleicht sagen: „Das geht doch nicht! Ich kann einen Mitarbeiter doch nicht für einen Fehler loben!" Doch, das geht. Denn es ist immer eine Frage der Sichtweise. Wenn Sie nur Fehler sehen, werden Sie nur über Fehler reden. Wer jedoch auf das Positive achtet, kann das Positive benennen und verstärken. Zum Beispiel:

„Mir gefällt, wie Sie das Problem gelöst haben ..."

Formulieren Sie nun das, was Sie verbessern möchten, als konstruktiven Vorschlag:

„... Was halten Sie davon, wenn wir beim nächsten Mal Folgendes ausprobieren: ...?"

Sehen wir uns noch weitere Beispiele an:

Lesen Sie zuerst die Aussage über den Anlassfall und überlegen Sie, was Sie in einer solchen Situation sagen würden. Lesen Sie erst dann unseren Vorschlag.

Eine Mitarbeiterin hat vergessen, eine Bestellung auszuführen.

„Sehr gut, wie Sie die Beschwerde des Kunden beantwortet haben. Wie könnten Sie künftig dafür sorgen, dass die Lieferung pünktlich bei ihm ankommt?"

Ein Teamleiter hat seine Mitarbeiterin schlecht über ihre Aufgaben im Projekt informiert.

„Ich finde es gut, wie Sie den Konflikt mit Frau Müller gelöst haben. Was werden Sie machen, damit Frau Müller ihre Aufgaben besser kennt?"

Das Vertriebsteam hat einen lukrativen Auftrag nicht an Land ziehen können.

„Ich sehe, Sie haben das Angebot gut vorbereitet. Leider hat es den Kunden nicht überzeugt. Können Sie analysieren, was der Wettbewerb besser gemacht hat, und daraus eine Strategie für kommende Angebotsphasen erarbeiten?"

Mit Aussagen dieser Art – die aber auch tatsächlich der Überzeugung des Vorgesetzten entsprechen sollten – formuliert man drei Botschaften:

- Ich sehe, du hast dein Bestes gegeben, etwas gut gemacht, dich eingesetzt (Anerkennung).
- Du hast nicht alles richtig gemacht, aber das behandle ich als dein Vorgesetzter rein auf der Sachebene, ich greife dich nie auf der persönlichen, menschlichen Ebene an (der Fehler oder das Versäumnis wird benannt, aber nicht kritisiert).
- Ich sorge dafür, dass du daraus im positiven Sinne etwas lernst, ich traue dir zu, dass du für künftige Situationen ähnlicher Art eine Lö-

sung findest, ich gebe dir den Raum und die Zeit, zu lernen und zu wachsen, ich vertraue dir und deiner Kompetenz (Motivation).

Die Fähigkeit zu loben setzt eine gefestigte Persönlichkeit voraus. Menschen mit Minderwertigkeitskomplexen und mangelndem Selbstwertgefühl haben Probleme damit, zu loben. Sie loben nicht, weil sie ständig in der Angst leben, sich etwas zu vergeben, oder weil sie Angst haben, Autorität zu verlieren. Doch wer lobt, gewinnt: natürliche Autorität und Motivationsfähigkeit. Arbeiten Sie deshalb immer weiter an der Entwicklung Ihrer Persönlichkeit. Denken Sie immer an die Macht der Selbstbeeinflussung und stärken Sie Ihr Selbstbewusstsein täglich mit positiven Autosuggestionen. Üben Sie, sich durch positive Autosuggestion in eine positive Stimmung zu bringen. Und haben Sie an einem Mitarbeiter etwas auszusetzen, dann kritisieren Sie ihn nicht, sondern denken Sie darüber nach, was Ihnen an diesem Mitarbeiter gefällt.

Autosuggestion: Trainieren Sie die Kunst der positiven Motivation

Lob ist das wirksamste Mittel, das mir zur Verfügung steht.

Wenn ich andere lobe, werde ich selbst leichter erfolgreich.

Jeder meiner Mitmenschen braucht Anerkennung,
Liebe und Zustimmung.

Jeder Mensch braucht Ermutigung und regelmäßig neuen Auftrieb.

Jeder Mensch, egal, wie intelligent er ist, wächst über sich selbst hinaus, wenn ich ihn lobe. Lob ist mein wirksamstes Mittel im Umgang
mit anderen.

Lob ist eine positiv wirksame Kraft, die sich von allein vervielfacht.
Ja, über diese wundersame Kraft verfüge ich!

Den Hunger nach Anerkennung und Zustimmung kann ich nur durch
Lob stillen.

Mein Lob schenkt meinen Mitmenschen neuen Glauben an sich selbst.

Weil ich meine Mitmenschen lobe, stelle ich ein besseres Verhältnis zu ihnen her.

Mein Lob ist immer aufrichtig, denn nichts ist schlimmer als ein falsches Lob.

Lobe ich einen Menschen, wenn ich mit ihm allein bin, so wird er mein Freund. Lobe ich ihn in der Öffentlichkeit, dann wird er mir noch einmal so treu sein.

Lob und Anerkennung sind wichtiger als materielle Belohnung

Unabhängig davon, zu welchem Motivationstyp ein Mensch gehört, ob er extrinsisch oder intrinsisch motiviert und motivierbar ist, ob er gern im Wettbewerb um Prämien und Boni steht oder seine Erfolgserlebnisse aufgrund seiner Zugehörigkeit zum Team erzielt: Niemand ist immun gegen die Kraft von Lob und Anerkennung. Sie sind die wichtigsten Motivatoren, die uns zur Verfügung stehen, und wichtiger als Geld. Anerkennung und Beachtung sind unternehmenskritische Führungsmethoden, wie Adrian Goslick und Chester Elton in ihrem Buch „The Carrot Principle" feststellen:

- Mitarbeitern „hungern" mehr nach Karotten, also Anerkennung, als nach Geld.
- Mitarbeiter, die sich wertvoll fühlen, sind produktiver.
- Der Wunsch nach Beachtung drückt ein menschliches Grundbedürfnis aus.
- Langfristiger Unternehmenserfolg setzt eine Unternehmenskultur voraus, die stark auf „Karotten" setzt.
- Konsequentes Loben und Beachtung verringern die Mitarbeiterfluktuation.

- Die richtigen Ziele (Karotten) vorzugeben, verändert die Einstellung der Mitarbeiter zu ihrer Arbeit.
- Unzufriedene Mitarbeiter beeinflussen die Erwartungshaltung der Kunden gegenüber Ihrem Unternehmen.
- Unternehmen müssen ihre Erfolge feiern.
- Intelligente Fehler sind wertvoll.

Die beiden Autoren liefern einige Ideen, wie man die Anerkennung auch in Form vermeintlicher Kleinigkeiten in den Unternehmensalltag integrieren kann. Betrachten Sie diese auch unter dem genannten Punkt, dass der Wunsch nach Beachtung ein menschliches Grundbedürfnis ausdrückt, also auf der emotionalen Ebene wirkt:

- Lassen Sie Mitarbeitern, die am Abend oder am Wochenende Überstunden machen, weil ein wichtiges Projekt fertig werden muss, Essen vom Cateringservice liefern.
- Laden Sie Ihre Mitarbeiter mit ihren Partnern zu einer Filmpremiere ein.
- Machen Sie täglich mindestens einem Mitarbeiter, einer Mitarbeiterin ein Kompliment.
- Schenken Sie Ihrem Mitarbeiter ein Jahresabo einer gern von ihm gelesenen Zeitschrift.
- Erlauben Sie Mitarbeitern, die viel im Flieger unterwegs sind, ein Upgrade zu buchen.
- Schicken Sie einem kranken Mitarbeiter einen Blumenstrauß nach Hause.
- Hinterlassen Sie handgeschriebene Dankeskärtchen.
- Zeichnen Sie Mitarbeiter, die ohne Auftrag eine tolle Idee für eine Verbesserung im Unternehmen haben, aus.
- Fügen Sie hier weitere Ideen ein: …

Lesen Sie mit dem Wissen, das Sie nun haben, noch einmal unsere Geschichte über die Deutsche Vermögensberatung AG, Sie werden die Bedeutung von Anerkennung und Lob noch besser nachvollziehen können.

„Erwischen" Sie die Menschen dabei, wenn sie etwas richtig
und gut machen.

Das Plus-Prinzip: Die Auswirkungen von Anerkennung sind messbar

Der amerikanische Psychologie Martin E. P. Seligman (wir haben ihn im
Kapitel „Die fünf Facetten des Wohlbefindens" bereits erwähnt) beschreibt in seinem Buch „Flourish" die sogenannte Losada-Ratio", benannt nach dem brasilianischen Forscher Marcial Losada. Die Losada-Ratio gibt das Verhältnis von positivem zu negativem Feedback an. Losada
fand heraus, dass Teams mit hohen Leistungen zum Beispiel in den Bereichen Profitabilität und Kundenzufriedenheit eine Ratio von 5,6 aufweisen,
Teams mit mittlerer Leistungsfähigkeit eine Ratio von 1,9 und Teams mit
geringer Leistungsfähigkeit eine Ratio von 0,36.

In besonderes leistungsfähigen Teams kommen also auf ein negatives
Feedback 5,6 positive Rückmeldungen. In mittelmäßigen Teams kommen
auf ein negatives Feedback 1,9 positive Äußerungen, in Teams am unteren
Ende der Leistungsskala wird öfter negativ reagiert als gelobt. Unternehmen mit einer Losada-Ratio von 2,9 sind laut Seligman erfolgreich und
florieren, je niedriger die Ratio, umso schlechter geht es Unternehmen
wirtschaftlich.

Zur einfacheren Anwendung runden wir die Ratio von 2,9 auf 3 auf.
Bei einem Verhältnis von drei positiven Rückmeldungen auf eine negative
Rückmeldung entsteht also nach unserem „Plus-Prinzip" positive Motivation, mit der Leistungsreserven aktiviert werden. Der US-amerikanische
Psychologie John M. Gottman hat dieses Verhältnis übrigens für glückli-
che Paarbeziehungen berechnet und kam auf ein Verhältnis von 5 : 1, das
heißt, fünf positive Aussagen auf jede kritische Bemerkung sind das Rezept
zum Liebesglück. Eine Beziehung, in der das Verhältnis unter 3 : 1 rutscht,
steuert demnach direkt auf eine Scheidung zu.

Das Plus-Prinzip kann auch im Bereich des Denkens und der eigenen Gefühle und damit der Selbstmotivation angewendet werden: Hier bedeutet eine stabile Losada-Ratio, dass man mehr positive als negative Gedanken bzw. mehr positive als negative Gefühle hat. Menschen mit mehr positiven Gefühlen (Verhältnis ab 3 : 1) „erblühen" demnach, sind also positiv eingestellt und motiviert.

Erfolg ist eine Frage der Reaktion

Ein Weg, um sowohl die Qualität unserer Beziehungen als auch unsere persönliche Losada-Ratio zu verbessern, besteht darin, die Art und Weise, wie wir auf Aussagen unserer Mitmenschen reagieren, zu verbessern. Es gibt im Grunde genommen vier Arten, auf eine Aussage zu reagieren. Martin E. P. Seligman stellt in seinem Buch folgendes Grundmodell vor, wie man auf eine Aussage reagieren kann:

1. Aktiv zuhörend und motivierend
2. Aktiv zuhörend und demotivierend
3. Passiv zuhörend und motivierend
4. Passiv zuhörend und demotivierend

Beispiel 1: Ihr Partner teilt Ihnen freudig erregt mit, er sei heute befördert worden.

	Reaktion: ermutigend – **motivierend**	Reaktion: entmutigend – **demotivierend**
Aktiv zuhörend (interessiert begeistert)	*Das ist ja großartig. Ich bin so stolz auf dich. Ich weiß, wie wichtig dir diese Beförderung ist. Was hat dein Chef gesagt? Wie hast du reagiert? Wir sollten ausgehen und feiern.* Nonverbal: Augenkontakt, Ausdruck positiver Gefühle, natürliches Lächeln, Lachen, Berührung, Umarmen	*Das klingt ja nach viel Verantwortung, die du dann bekommst. Wirst du dann noch öfters über Nacht weg sein?* Nonverbal: Ausdruck negativer Emotionen, Stirnrunzeln, skeptischer Gesichtsausdruck

Passiv zuhörend (uninteressiert)	Das sind wirklich gute Nachrichten. Du verdienst es. Nonverbal: wenig bis kein emotionaler Ausdruck	Ach, ja. Was gibt es zum Abendessen? Nonverbal: kaum oder kein Augenkontakt, wegdrehen, den Raum verlassen

Beispiel 2: Ihre beste Freundin ruft Sie an: „Ich habe gerade 100 Euro gewonnen!"

	Reaktion: konstruktiv (ermutigend – **motivierend**)	Reaktion: dekonstruktiv (entmutigend – **demotivierend**)
Aktiv zuhörend (interessiert begeistert) (darauf eingehend)	*Wow, was für ein Glück! Wirst du dir etwas Schönes kaufen? Wo hast du das Los gekauft? Fühlt es sich nicht toll an, etwas zu gewinnen?*	*Ich wette, du musst darauf noch Steuern bezahlen. Ich gewinne nie etwas.* (Betont bzw. konzentriert sich auf das mögliche Haar in der Suppe)
Passiv zuhörend (uninteressiert)	*Das ist ja schön.*	*Ich hatte heute einen richtig schlechten Tag.*

Die motivierendste Reaktion ist aktiv zuzuhören und Interesse und Begeisterung mit Worten und körpersprachlich auszudrücken. Das soll natürlich von Herzen kommen und nicht aufgesetzt wirken. Die zweitbeste Variante ist das passive Zuhören mit positiver Formulierung, auch wenn man emotional wenig berührt ist. Was mit den beiden anderen Varianten im Gegenüber ausgelöst wird, können Sie beim Lesen sicher erahnen. Die Motivationskiller lassen grüßen.

Aufgabe

Finden Sie Antwortbeispiele für folgende Situationen:
- Ihr Kind kommt nach Hause und berichtet, dass es auf die Klassenarbeit ein „Ungenügend" bekommen hat.

- Ein Freund erzählt Ihnen, dass er Streichholzschachteln sammelt und gerade 1000 Euro für ein besonderes Exemplar ausgegeben hat.
- Ein Mitarbeiter aus der Einkaufsabteilung berichtet Ihnen, dass er mit einem Lieferanten einen Vertrag über die Lieferung günstiger wiederaufbereiteter Tonerpatronen abgeschlossen hat.

Mit positiver Programmierung in die Zukunft

Wir haben das Modell von Seligman erweitert bzw. ergänzt:

1. Aktiv *zuhören* und nicht widersprechen
2. Motivierend und ermutigend *reagieren*
3. *Führen*: Pflanzen Sie einen „posthypnotischen" Befehl ein, indem Sie eine positive Prophezeiung formulieren. Beispiele:

   „Du wirst noch viele Erfolge haben."

   „Du wirst bestimmt noch weiter befördert werden."

   „Du bist ein echter Glückspilz!"

   „Je länger du darüber nachdenkst, umso mehr wirst du spüren, wie gut diese Entscheidung war."

Die positive Prophezeiung ist ein wunderbares Motivationsinstrument, denn sie bestärkt das aktuelle Erfolgserlebnis, indem das positive Erlebnis noch einmal benannt wird: Erfolg, Beförderung, Glück, gute Entscheidung. Sie drücken Ihr Vertrauen aus, dass Ihr Gegenüber noch mehr kann, noch Leistungsreserven hat, sich noch weiter entwickeln kann. Damit bauen Sie wie ein Architekt an der Zukunft dieses Menschen, denn sein Selbstvertrauen wird gestärkt, er sieht sein nächstes Ziel vor sich – mit einem Wort, er ist motiviert.

Aufgabe

Gehen Sie noch einmal zur vorigen Übung und formulieren Sie passende positive Prophezeiungen dazu aus.

Sagen Sie „Danke"

Keine Schuld ist dringender als die, Dank zu sagen.

Marcus Tullius Cicero (106–43)

Eine der Hauptursachen für Demotivation liegt in der Undankbarkeit. Und einer der mächtigsten Motivationsfaktoren ist ein Danke, das von Herzen kommt. Dank ist die beste Investition in Ihre Mitmenschen! Dank ist besser als jedes Geschenk. Wer sich bei seinen Mitmenschen für ihre Unterstützung bedankt, lädt die Empfänger des Dankes buchstäblich mit positiver Energie auf. Dank ist Anerkennung, Belohnung und Wertschätzung und ein unglaublich starker Motivator. Dankbarkeit ist die intensivste Form des positiven Denkens. Dank ist die beste Investition in Ihre Mitmenschen, weil Dank immer eine positive Suggestion ist. Wer dankbar ist, bleibt deshalb unvergessen.

Aufgabe

Denken Sie an eine Situation, wo sich jemand von ganzem Herzen bei Ihnen bedankt hat. Wie haben Sie sich gefühlt? Was denken Sie über den Menschen, der sich bei Ihnen bedankt hat? Wie wirkt sich der Dank auf Ihr Verhalten gegenüber diesem Menschen aus?

In einem Firmenseminar vor Mitarbeitern eines großen Unternehmens habe ich alle Teilnehmer aufgefordert, ihrem Chef eine Karte zu schicken und sich bei ihm einmal für alles zu bedanken, was er bisher für sie getan hat. Im Laufe der nächsten Tage bekam der Unternehmen über 300 Karten von dankbaren Mitarbeitern. Nur wenn jemand wirklich motiviert ist, kann er eine so tiefe Dankbarkeit empfinden. Bei manchen Karten hatten sogar die Partner der Mitarbeiter mit unterschrieben. Der Unternehmer war von dieser Aktion überwältigt und seinerseits sehr dankbar für diese Anerkennung, aber auch dafür, so großartige Mitarbeiter zu haben, die eine so positive Haltung zu ihm, dem Unternehmen und ihrer Aufgabe haben. Die Mitarbeiter wie der Unternehmer fühlten sich reich beschenkt und miteinander auch menschlich sehr verbunden.

Aufgabe

Wem oder wofür sind Sie dankbar?

- Nehmen Sie bitte einen Stift und Papier zur Hand und notieren Sie zehn Punkte, wofür Sie in Ihrem Leben Dankbarkeit empfinden.
- Denken Sie dann darüber nach, wem Sie jeden einzelnen Grund zur Dankbarkeit (mit) zu verdanken haben. Schreiben Sie die Namen auf.
- Und nun überlegen Sie: Wie haben Sie diesen Personen bisher Ihre Dankbarkeit gezeigt? Denken Sie an die Dankeskarten an den Chef: Haben Sie sich schon einmal bei Ihrem Vorgesetzten bedankt? Haben Sie sich bei Ihrem Partner oder Ihrer Partnerin bedankt? Bei Freunden, Kollegen, Mitarbeitern? Schreiben Sie mindestens fünf Beispiele auf, bei wem und wie Sie sich bedankt haben.

Bei wem und wie werden Sie sich bedanken?

- Vielleicht haben Sie Ihre Dankbarkeit bisher manchen Menschen nicht so gezeigt, wie es angebracht gewesen wäre.
- Schreiben Sie Beispiele auf, wie Sie Ihren Dank zeigen können.
- Sammeln Sie Ideen, wie Sie sich bei diesen Menschen bedanken könnten.
- Setzen Sie diese Ideen in den nächsten Wochen praktisch um!

Werden Sie ein Meister darin, Ihre Dankbarkeit zum Ausdruck zu bringen. Dank ist einer der stärksten Motivationsfaktoren, die Ihnen zur Verfügung stehen. Danken Sie Ihren Mitarbeitern. Danken Sie aber auch deren Partnern und Familien. Wir haben Ihnen das Motivationssystem der Deutschen Vermögensberatung AG vorgestellt: Dank bei Mitarbeitern und ihren Familien ist dort ein Prinzip. Doch auch andere Unternehmen haben längst verstanden, wie wichtig Dank ist. So halten wir immer wieder Seminare, zu denen Unternehmen die Partnerinnen ihrer Mitarbeiter einladen, aus Dankbarkeit dafür, wie sie ihre Männer unterstützen. Unternehmer, die die Rolle der Partner, die hinter den Erfolgen ihrer Mitarbeiter stehen, erkennen, verstehen auch, wie wichtig es ist, auch diese zu motivieren und einzubeziehen und ihnen aktiv zu danken.

Die Macht des Vorbilds

Die größten Menschen sind jene,
die anderen Hoffnung geben können.

Jean Jaurès (1859–1914),
franz. Politiker und Historiker

Von anderen zu lernen ist immer eine sehr gute Motivationsmethode – und lernen kann man sowohl von den Erfolgen des anderen als auch von seinen Misserfolgen. Sie können Schwachstellen in seinem Konzept ausfindig machen und es besser machen oder Sie können sich anschauen, wie jemand mit Misserfolgen, Krisen und dem Scheitern umgeht, um daraus für sich eine kluge Strategien abzuleiten.

Vorbilder zeigen uns den Weg. Nichts im Leben ist so wertvoll wie der Kontakt zu Menschen, die bereits Spitze sind, die Vorbilder sind, die das erreicht haben, was wir noch erreichen wollen. Vorbilder zeigen uns, wie es sein wird, wenn wir unser Ziel erreicht haben. Doch es müssen nicht die Berühmten sein, die wir uns als Vorbilder suchen. Auf Ihrem Spezialgebiet gibt es sicher einen oder mehrere Menschen, die besondere Leistungen und Fähigkeiten vorzuweisen haben und die zur Spitze ihres Faches gehören. Um selbst an die Spitze zu kommen, sollten Sie sich unbedingt mit diesen Menschen befassen. Vielleicht gibt es sogar die Möglichkeit, eine solche Koryphäe persönlich zu erleben, zum Beispiel bei einem Kongress oder einem Vortrag, vielleicht ergibt sich sogar ein Gespräch, ein näherer Kontakt oder gar eine Kooperation. Sie können beispielsweise auch selbst eine Veranstaltung für Ihre Kunden und Mitarbeiter ausrichten und Ihr Vorbild einladen, dort zu sprechen oder an einer Podiumsdiskussion oder an einem Kamingespräch teilzunehmen.

Motivieren durch Vorbild

Eine Führungskraft ist nur dann auf Dauer erfolgreich, wenn sie ihren Mitarbeitern ein Vorbild ist. Führen durch Vorbild ist die effektivste Führungsmethode, mit der Sie Mitarbeiter überzeugen und begeistern. Einem begeisterten Chef folgt jeder gern, jeder lässt sich gern von einem Menschen überzeugen, den er bewundert. Mit den folgenden beiden Übungen können Sie Ihre Rolle als Vorbild stärken. Sehen wir uns zuerst an, was ein Vorbild auszeichnet.

Aufgabe

Was ist ein Vorbild?

Nehmen Sie sich ausreichend Zeit für diese Übung und denken Sie gründlich über die Antworten nach. Führung durch Vorbild ist das wichtigste Führungsprinzip der heutigen Zeit, deshalb lohnt es sich, über die Eigenschaften eines Vorbilds intensiv nachzudenken.

1. Welche Besonderheiten, Eigenschaften, Fähigkeiten und Charaktermerkmale zeichnen einen Menschen aus, den ich als mein persönliches Vorbild bezeichnen könnte?
2. Welche drei Menschen sind für mich ein Vorbild? (Nennen Sie hier auf jeden Fall drei Personen, auch wenn nicht alle drei der Genannten alle Ihnen wichtigen Vorbildeigenschaften zeigen.)
3. Was macht die genannten Personen für mich so einzigartig und besonders?

Vorbild werden – Vorbild sein

Sind Sie für Ihre Mitarbeiter bereits ein Vorbild und wissen es nur nicht? Oder glauben Sie nur, ein Vorbild zu sein? Wichtig ist: Wenn Sie nicht durch Vorbild führen können, wird es Ihnen nicht gelingen, eine Führungspersönlichkeit zu werden. In dieser Übung werden Sie Ihre Vorbild-Eigenschaften definieren. Schreiben Sie dazu die Antworten auf folgende Fragen so detailliert wie möglich auf:

1. Über welche der im ersten Teil der Aufgabe von mir notierten Fähigkeiten und Eigenschaften von Vorbildern allgemein bzw. meiner persönlichen Vorbilder möchte ich selbst gern verfügen?
2. Für wen bin ich meiner Meinung nach bereits ein Vorbild? Aufgrund welcher Eigenschaften/Merkmale/Fähigkeiten?
3. Wie äußert sich das? Durch welche Verhaltensweisen kann ich erkennen, dass ich für bestimmte Menschen ein Vorbild bin?
4. Ich welchen Bereichen würde ich gern ein Vorbild werden?
5. Was müsste ich dafür tun/ändern/verbessern?

Viele Menschen glauben, dass es die fachlichen Fähigkeiten sind, die uns zu Vorbildern machen. Es sind aber vor allem die persönlichen Eigenschaften und Charakterzüge, die einen Menschen zum bewunderten und respektierten Vorbild machen. Konzentrieren Sie sich bei dieser Aufgabe also vor allem auf Ihre Persönlichkeitsmerkmale. Und hier wiederum besonders auf die positiven Merkmale, denn nur diese taugen zum Vorbild. Ein Mensch, der bei jeder Gelegenheit Sorgen, Bedenken, Zweifel oder Hemmungen ausstrahlt – denken Sie an die Motivationskiller Minderwertigkeitskomplex, fehlendes Selbstwertgefühl, negatives Denken, Pessimismus –, wird keine Vorbildwirkung entfalten.

Aufgabe

Wie beeinflussen Sie das Denken und Handeln Ihrer Mitarbeiter? Bewerten Sie Ihre suggestiven Fähigkeiten mit Noten zwischen 1 (gering) und 10 (sehr hoch). Je größer Ihre Punktezahl, desto stärker sind Ihre suggestiven Fähigkeiten.

Ich beeinflusse das Denken und Handeln meiner Mitarbeiter	Note (1 = gering, 10 = sehr hoch)
durch Vorbildfunktion	
durch Überzeugung	
durch Vermittlung von Visionen	
aufgrund meiner persönlichen Ausstrahlung	
aufgrund meines Charmes	
aufgrund von rhetorischen Fähigkeiten	
durch innere Ruhe und Gelassenheit	
durch Begeisterung	
durch Belohnung (materielle Anreize, Versprechungen etc.)	

Sie können Ihre Mitarbeiter auch durch andere Faktoren beeinflussen, wie zum Beispiel durch Ihre Ziele, Ihren Ruf, Ihre Position, Ihre Erfahrung und Ihr Fachwissen. Aber auch durch Strafen, Intrigen oder den Entzug von Aufmerksamkeit. Je stärker jedoch Ihre positiven suggestiven Fähigkeiten sind, desto stärker ist der Grad der emotionalen Beeinflussung und desto stärker ist Ihre Motivationskraft. Der Chef wirkt dabei wie ein „Anker" auf seine Mitarbeiter. Sein Anblick erinnert die Menschen an die Ziele des Unternehmens, an die Werte und Verhaltensregeln, die die Unternehmenskultur bestimmen. Die Stimme des Chefs ruft in den Mitarbeitern die Erinnerung an Erfahrungen hervor, die sie mit seinen Aussagen gemacht haben – Lob, Kritik, was immer Sie als Führungskraft formulieren, Ihre Stimme und Ihrer Sprache prägen sich ins Gedächtnis der Mitarbeiter ein und wecken Gefühle, sobald Sie sie sprechen hören. Haben Sie sich als negativer Anker in der Erinnerung der Mitarbeiter festgesetzt, löst Ihr Erscheinen und Ihre Stimme möglicherweise Stress aus und weckt negative Gefühle.

Wenn Sie solche Reaktionen feststellen – und da Sie jetzt ja sehr viel über Motivationskiller gelernt haben, wird Ihnen hier vielleicht Veränderungsbedarf in Ihrer Kommunikation bewusst geworden sein –, programmieren Sie das Unterbewusstsein Ihrer Mitarbeiter um, vermitteln Sie ihnen konsequent positive Erfahrungen mit Ihrer Person, überzeugen Sie sie davon, dass Sie es ernst meinen und dass Sie von Herzen an einer positiven Motivation Ihrer Mitarbeiter interessiert sind. Die Macht des Vorbilds ist sehr groß und Ihre Rolle als Führungskraft, ob als Vorstand eines Unternehmens mit tausenden Mitarbeitern oder als Chef eines kleinen Familienbetriebes, ist es, diese Rolle immer so gut Sie können auszufüllen.

Ermutigen Sie die Menschen, machen Sie ihnen Mut!

Die 10 Gebote für den positiven Umgang mit anderen Menschen

Die folgenden Gebote für den positiven Umgang mit Mitarbeitern sind Grundlage für den nutzenbringenden und verantwortungsvollen Umgang mit der Motivation:

1. Ich habe ein positives Menschenbild und stelle die Stärken eines Menschen immer über seine Schwächen.
2. Ich habe Achtung und Respekt vor jedem meiner Mitarbeiter.
3. Ich toleriere die Individualität und Einmaligkeit jedes einzelnen Mitarbeiters.
4. Ich interessiere mich für die Wünsche und Bedürfnisse jedes Mitarbeiters.

5. Ich ermutige und fördere meine Mitarbeiter und zeige ihnen meine Anerkennung, indem ich verantwortungsvolle Aufgaben an sie delegiere.
6. Ich schaffe die Grundlagen für eine offene, angstfreie Kommunikation zwischen mir und meinen Mitarbeitern.
7. Ich formuliere Kritik positiv und betrachte Fehler als Lernpotenziale, von denen alle profitieren können.
8. Ich schaffe die Grundlage für ihren und unseren gemeinsamen Erfolg, indem ich meinen Mitarbeitern mit „positiven Prophezeiungen" helfe, ihre Potenziale immer weiter zu erschließen.
9. Ich weiß, dass erst gemeinsame Ziele Partnerschaft schaffen, daher spreche ich immer wieder über die gemeinsamen Ziele.
10. Ich akzeptiere, dass kein Mensch perfekt ist und jeder Mensch Schwächen und Stärken hat.

Klären Sie die Menschen über ihre Möglichkeiten auf!

Wer positiv motivieren kann, hat ein sehr mächtiges Werkzeug in der Hand, mit dem er anderen helfen kann, ihre Möglichkeiten und Chancen zu erkennen und zu nützen. Und wenn Sie es nicht tun, dann tut es jemand anders. Mit Sicherheit.

„Für Harry arbeiten": Unternehmenskultur bei Harry-Brot

Einer der bekanntesten deutschen Broterzeuger ist Harry-Brot. Als kleine Bäckerei 1688 von Johan Hinrich Harry in Altona gegründet ist das Unternehmen Harry-Brot GmbH bis heute dem Norden Deutschlands treu geblieben. Mehr als 3.500 Mitarbeiterinnen und Mitarbeiter produzieren in der Großbäckerei in Schenefeld bei Hamburg und an acht weiteren Standorten in Deutschland eine umfangreiche Palette von Brotprodukten, die in weiten Teilen Deutschlands vertrieben werden. Einiges davon findet man auch über die Grenzen Deutschlands hinaus.

Motivation spielt bei Harry-Brot eine herausragende Rolle. Unser Institut begleitet das Unternehmen schon viele Jahre mit Motivationsseminaren. Markus Heinze, Personalentwickler bei Harry-Brot, schildert uns seine Erfahrungen mit dem Unternehmen und dem Motivations- und Führungssystem, das sehr von der Philosophie des erfolgreichen Wegs geprägt ist. Freuen Sie sich mit uns über die Einblicke in die Firmenkultur von Harry-Brot, in der Motivation eine überaus große Bedeutung hat.

Was Brot und Motivation miteinander zu tun haben

von Markus Heinze, Harry-Brot

Vor kurzem ist mir die 14 Jahre alte Stellenanzeige für meine jetzige berufliche Tätigkeit durch einen Zufall in die Hände gefallen. Eine Tätigkeit, die ich immer noch mit voller Begeisterung und sehr viel Herzblut ausübe, in einem Unternehmen, das mir die nötige Handlungsfreiheit und das Vertrauen dafür schenkt.

In dieser Anzeige wurde ein Unternehmenstrainer für die damals 2.000 Mitarbeiter und Mitarbeiterinnen gesucht, der Teamgeist, die Freude am Erfolg und ein positives Arbeitsklima in den Mittelpunkt seiner Tätigkeit stellen sollte. Stellenvoraussetzungen waren neben einem Hochschulstudium Erfahrungen in der Moderation, starke kommunikative Fähigkeiten und eine positive persönliche Ausstrahlung.

Wenn ich mir mit einem zeitlichen Abstand die Anzeige nochmals durchlese und mir vor Augen führe, was in den 14 Jahren meiner Tätigkeit alles passiert ist, dann lässt sich zum heutigen Zeitpunkt folgendes bilanzieren:

Unser Unternehmen gehört zu den erfolgreichsten Unternehmen in Deutschland mit mittlerweile 3.550 Mitarbeitern und Mitarbeiterinnen in Vollzeit, mit neun hochmodernen Produktionsstandorten, 47 Vertriebsstandorten, einer Zentrale mit „nur" 125 Mitarbeitern und einer Vision von der Zukunft, die auf Wachstum ausgerichtet ist und alle Mitarbeiter seit Jahren miteinander emotional verbindet. Nicht zuletzt mit einem Umsatz, der sich in dieser Zeit auf über 700 Millionen Euro verdreifacht hat.

Sollte ich jetzt die Frage beantworten, wie wir das geschafft haben, so gäbe es für mich nur eine Antwort: durch unsere Mitarbeiter. Schöne Gebäude, moderne Produktionsanlagen und schicke Lieferfahrzeuge haben andere Unternehmen auch. Aber nur wenige haben so hoch motivierte Mitarbeiter, die einen einzigartigen Unternehmensgeist als Grundlage unseres Erfolgs geschaffen haben.

Die Firma, von der ich spreche, ist die Harry-Brot GmbH mit Sitz in Schenefeld bei Hamburg. Mit einem Vertriebsgebiet, das sich fast ausschließlich in Deutschland befindet und über 9.000 Kunden des Lebensmitteleinzelhandels umfasst, die täglich durch die Mitarbeiter des Vertriebes mit frischen Backwaren beliefert werden.

Ich komme jetzt noch mal auf die Stellenanzeige vom Februar 1997 zurück. In dieser Anzeige stand nicht, dass ich den Bäckern das Backen beibringen soll oder den Vertriebsmitarbeitern das Verkaufen oder den zentralen Mitarbeitern ihr Fachwissen in den verschiedenen Bereichen einer Verwaltung. Dieses könnte ich auch gar nicht, da ich weder damals noch heute gelernter Bäcker bin oder zum damaligen Zeitpunkt über viel Erfahrung im Vertrieb verfügte. Im Gegenteil, mein persönlicher Weg führte mich nach dem Abitur im Sauerland zur 12-jährigen Offizierslaufbahn bei der Bundeswehr und im Anschluss zu einer knapp zweijährigen Bezirksleitertätigkeit bei einem großen Filialisten.

Es wurde auch nicht von mir verlangt, dass ich die Mitarbeiter zum positiven Denken bringe oder permanent ihre Motivation steigere. Das Wort Motivation kam kein einziges Mal im Anzeigentext vor.

Die Kernaussage der Anzeige war schlicht und einfach, dass ein akzeptierter Coach für alle Hierarchiestufen in allen drei Bereichen des Unternehmens gesucht wird. Es ging also nicht um die Vermittlung von Fachwissen, sondern von Anfang an um die Entwicklung der Persönlichkeit der Mitarbeiter durch die Abteilung Aus- und Weiterbildung. Eine Herausforderung, die mir bis heute einen kreativen Freiraum für die Gestaltung meines Bereiches lässt, der einzigartig ist. Der Maßstab meiner Arbeitsleistung kann deshalb auch nur die erfolgreiche Entwicklung der Mitarbeiter im Unternehmen sein.

Wie kann man diesen Erfolg messbar machen?

Eine Möglichkeit wäre zum Beispiel die Auswertung des Feedbacks der Schulungsteilnehmer. Doch standardisierte Fragebögen, die am Ende des Seminars als letzter Tagesordnungspunkt von den Teilnehmern ausgefüllt werden, bekommen mit der Aussicht auf Feierabend bzw. Wochenende immer einen positiven Anstrich und taugen daher nur bedingt als Erfolgsmaßstab.

Für mich ist der einzige Erfolgsmaßstab für die Entwicklung der Mitarbeiter, neben den allgemeinen Faktoren des Unternehmenserfolgs (Umsatz, Ertrag, Kosten etc.), die Fluktuation. Oder anders gesagt: Wie viele gute und sehr gute Mitarbeiter haben das Unternehmen in den vergangenen Jahren verlassen? Ich spreche hier von den Leistungsträgern, von den Personen, die bei persönlicher Kündigung Lücken hinterlassen. Lücken, die dem Unternehmen richtig wehtun. Vor allen Dingen aber von den Personen, die den Großteil der Mitarbeiter zu außergewöhnlichen Leistungen animieren. Ich spreche hier von den Führungskräften, die durch die Wirkung ihres Vorbilds den Erfolg jedes Unternehmens maßgeblich beeinflussen. Glaubt man dem renommierten amerikanischen Gallup-Institut, gibt es im Durchschnitt in einem Unternehmen gerade mal 17 Prozent dieser Mitreißer. Über 80 Prozent der Mitarbeiter sind entweder Mitmacher, Zuschauer oder „Schon-weg-Typen".

- Die Fluktuation bei Harry-Brot im Bereich der Führungsebenen, im Bereich der Mitreißer, betrug in den letzten Jahren kontinuierlich 0,8 Prozent. In dieser Zahl sind die pensionsbedingten „Verluste" enthalten.
- In unserem Unternehmen sind Betriebszugehörigkeiten von über 10, 20 und 30 Jahren im Führungskreis nicht die Ausnahme, sondern die Regel.

Sie können mir glauben, es ist für die Personalentwicklung und die Weiterbildung eines Unternehmens ein Segen, über Jahre hinweg die gleichen Mitarbeiter zu schulen, zu formen und zu begeistern. Die Kontinuität der Firmenzugehörigkeit hilft ungemein, die Entwicklung der Mitarbeiter zu beobachten, zu messen, eventuell neu zu justieren und zu veredeln.

Und an dieser Stelle bin ich endlich bei dem Zauberwort dieses Buchs: Motivation.

Die Motivation der Harry-Mitarbeiter

1. Welche Motivation hält die entscheidenden Mitarbeiter jahrelang und erfolgreich in einem Unternehmen?

2. Welche Motivation sorgt dafür, dass die Mitreißer stolz und begeistert sind, nicht bei Harry, sondern *für* Harry zu arbeiten?

3. Wie schaffen wir es als Unternehmen, diese Motivation permanent aufrechtzuerhalten, weiterzuentwickeln und zu verstärken?

Die Antwort auf die ersten beiden Fragen ist relativ einfach und eindeutig: Es ist die intrinsische Motivation. Die Motivation, die aus dem Inneren der Menschen kommt und die die extrinsischen (äußeren) Motive wie Gehalt, Prämien, Belohnungen im entscheidenden Moment in den Hintergrund drängt.

Verstehen Sie mich bitte nicht falsch, jeder Harry-Mitarbeiter freut sich wahnsinnig über ein Mehr an Einkommen, eine Prämie oder eine andere Form der äußeren Belohnung. Doch wenn es darauf ankommt und der Mitarbeiter hätte die Wahl, aufgrund eines höheren Einkommens zu einem Mitbewerber zu wechseln, entscheidet sich die überwältigende Mehrzahl der Mitreißer aus tiefer Überzeugung für Harry. Und Mitarbeiter, die beim erfolgreichsten Unternehmen der Branche arbeiten, sind auf dem Arbeitsmarkt nicht gerade unbegehrt.

Die Antwort auf die Frage 3 ist dagegen komplexer. Ein Teil der Antwort ist unsere Unternehmenskultur, die von Teamgeist, Hilfsbereitschaft und Offenheit geprägt ist. Das Entscheidende ist, dass diese Kultur von der Unternehmensführung vorgelebt wird. Es gibt bei uns keine Sekretariate, in denen mühevoll Termine abgesprochen werden müssen. Wer seinen Chef sprechen will, geht hin und durchquert keine Sicherheitsschleusen. Wir vermeiden Kosten und Reibungsverluste, indem wir mit Vertrauen führen und den Verantwortlichen größtmögliche Entscheidungsfreiheit zuweisen. Verantwortung ist immer ganz ein starkes Motiv.

Das Wichtigste aus meiner Sicht ist, dass wir unsere Mitarbeiter in den Harry-Seminaren in den drei großen Lebensbereichen Beruf, privater Bereich, Fitness und Gesundheit ergänzt durch den Faktor Entspannung schulen. Diese Kombinationen der Schulungsinhalte, die seit Jahren so vermittelt werden, tragen zu einem nicht unerheblichen Teil zu der großen inneren Motivation der Mitarbeiter bei.

Dabei werden dem Wort Motivation mehrere Definitionen zugeordnet. Die entscheidende für mich als Leiter der Aus- und Weiterbildung und Personalentwicklung die von Nikolaus B. Enkelmann geprägte Motivationsdefinition:

„Motivation ist die Aktivierung der Leistungsreserven!"

Extremsituationen zeigen uns immer wieder, über wie viele Leistungsreserven jeder Mensch verfügt. Ich erinnere da nur an die unglaublichen Kräfte einer Frau bei dem Wunder der Geburt eines Kindes. Oder die teilweise unglaubliche Leistung eines Sportlers im entscheidenden Moment des Sieges.

Ein Unternehmen, dem es auf höchstem Niveau gelingt, die Reserven der Mitarbeiter zu aktivieren, genießt fast schon eine Erfolgsgarantie. Deshalb an dieser Stelle ein kurzer Einblick in die Schulungsinhalte von Harry-Brot, die Wege zeigen, wie Mitarbeiter ihre Leistungsreserven abrufen können und wollen:

1. Schwerpunkt: Führung und Beruf

In unseren internen Schulungsmaßnahmen konzentrieren wir uns auf die Mitarbeiter der Führungsebene. Bei über 3.500 Mitarbeitern in mehr als 50 verschiedenen Orten muss man Schwerpunkte setzen. Wir bilden unsere „Häuptlinge" aus, mit dem klaren Auftrag, die ihnen unterstellten Mitarbeiter mit ihrem erlernten Wissen weiterzubilden und ebenso erfolgreich zu machen.

Im Mittelpunkt der beruflichen Ausbildung steht dabei das Haus des Erfolgs, so wie ich es in Enkelmann-Seminaren gelernt habe. Ohne Erfolg fliegt ein Unternehmen aus der Kurve. Die Voraussetzungen für den Erfolg sind

- der Wille zum Erfolg,
- die Positionierung und Konzentration auf eines oder wenige Erfolgsgebiete,
- das Training und die Macht der Wiederholung getreu dem Motto „Ich kann alles lernen" und als vierter Punkt
- die Fähigkeit zur perfekten Kommunikation, die Fähigkeit des Sprechens in alle unternehmensentscheidenden Richtungen.

Die angebotenen Führungsseminare, die internen Seminare zur Rhetorik und Dialektik sind permanent ausgebucht. Hier zeigt sich durch kontinuierliche Weiterbildung im Bereich der Präsentation von Ergebnissen und Konzepten ein deutlich messbarer Erfolg. Ich behaupte, keine Harry-Führungskraft hat Angst, nach vorne zu gehen und eine Rede oder Präsentation vor einer Gruppe zu halten!

2. Schwerpunkt: Der private Bereich

Ich denke, wir haben verstanden, dass unsere Mitreißer bessere Leistungen für das Unternehmen erbringen, wenn sie über einen starken familiären Rückhalt verfügen. Wenn sie einen Partner oder Partnerin haben, der bzw. die ihnen in der harten Wettbewerbswelt den privaten Rücken freihält. Wir bieten hierzu Lebensenergieseminare mit einem Schwerpunkt auf das private Glück an. Zeit für die Familie, Änderung von Gewohnheiten, raus aus der Komfortzone, hin zu mehr magischen Momenten sind die Schlagworte. Der Höhepunkt in diesem Zusammenhang ist sicher das jährlich stattfindende Partnerseminar, bei dem wir die Partner und Partnerinnen der Mitarbeiter zu einem gemeinsamen Seminar einladen.

3. Schwerpunkt: Fitness und Gesundheit

Das Motto eines führenden Laufschuhherstellers und eines der Schwerpunkte der Harry-Seminare lautet: *Anima sana in corpore sano*. „Ein gesunder Geist in einem gesunden Körper" oder der Körper folgt dem Geist und der Geist wird beeinflusst durch die Gesundheit des Körpers! Ein gesunder Mensch hat 1.000 Wünsche, der kranke Mensch nur einen.

Ich bin stolz darauf, sagen zu können, dass mit Hilfe von Lauf- und Walkingseminaren, mit der Gewinnung eines der führenden Nährstoffexperten in Deutschland, meines Freundes und Inhaber der Firma Ultrasports Dr. Wolfgang Feil, der uns durch seine Vorträge zur Ernährung und Gesundheit motiviert, eine kleine Fitnessrevolution bei Harry ausgebrochen ist. Eine steigende Anzahl Harry-Marathonis und -Halbmarathonis, Teilnahme an regionalen Laufevents, die Gründung einer Fußball- und Triathlongemeinschaft, die Umstellung der Speisen in den Werkskantinen bieten hier ein eindrucksvolles Zeugnis. Wohlgemerkt, dieses passierte und passiert in den letzten fünf bis sieben Jahren und alles ohne äußeren Druck. Die Mitarbeiter laufen in ihrer Freizeit. Viele haben freiwillig ihre Ernährungsgewohnheiten komplett umgestellt. Und diese Seminare sind mittlerweile für alle Mitarbeiter offen und sie sind ein riesiger Motivationsfaktor.

Am Schluss sei erwähnt, dass natürlich nicht nur die Seminare zu der außergewöhnlichen Motivation der Mitarbeiter beitragen. Der Erfolg des gesamten Unternehmens ist der stärkste Faktor. Erfolg motiviert und strahlt auf die Menschen aus. Je größer der Erfolg des Unternehmens, desto größer die Motivation jedes Einzelnen. Erfolg macht die Menschen selbstbewusst.

Hinzukommen die nicht zu unterschätzenden, zum großen Teil freiwilligen sozialen Leistungen des Unternehmens. Ebenso ein ausgeprägter Arbeitssicherheitsgedanke, der in den Mittelpunkt des Handelns die Gesunderhaltung der Mitarbeiter stellt.

In der Formel 1 würde ein Niki Lauda wohl kommentieren: „Das Gesamtpaket stimmt und deshalb wird dieses Team Weltmeister!" Nun, so weit sind wir bei Harry-Brot noch nicht, aber dass erfolgreiche und motivierte Mitarbeiter ein Unternehmen an die Spitze bringen, habe ich in meinen vergangenen 14 Lebensjahren eindrucksvoll erleben dürfen.

So motivieren Sie Gruppen

Ich stehe hier vor euch nicht als Prophet, sondern als euer bescheidener Diener. Eure heldenhaften Opfer haben das möglich gemacht. Deswegen lege ich die Jahre, die mir noch verbleiben, in eure Hände.

Nelson Mandela bei seiner Ansprache am
Tag seiner Entlassung aus dem Gefängnis,
11. Februar 1990, Soweto

Ein schwarzer Präsident in Südafrika: Nelson Mandela

Das Erste, was Nelson Mandela, seit 1962 inhaftiert und 1964 zu lebenslanger Haft verurteilt, am Tag seiner Freilassung machte: Er hielt in Soweto, seit einem Aufstand im Jahr 1975 das Symbol für die Ära der Apartheid in Südafrika, eine Rede. 120.000 Menschen hatten sich in einem Stadion versammelt, um diesen Tag zu feiern. Die Freilassung war vom südafrikanischen Staatspräsidenten Frederik de Klerk angeordnet worden, der gleichzeitig auch das Verbot des ANC (African National Congress) aufgehoben hatte. In seiner Rede proklamierte Mandela seine Politik der Versöhnung und forderte alle Menschen zur Mitwirkung an der Schaffung eines nichtrassistischen, geeinten und demokratischen Südafrika auf. Das Unmögliche wurde möglich: Nelson Mandela wurde 1994 zum ersten schwarzen Präsidenten Südafrikas gewählt.

Der Freilassung waren jahrzehntelange Proteste in der ganzen Welt vorangegangen. Ein Höhepunkt dieses Einsatzes zahlreicher Menschen war das „Nelson Mandela 70th Birthday Tribute Concert", ein Solidaritätskonzert, das am 11. Juni 1988 im Wembley-Stadion in London vor 72.000 Zuschauern stattfand und in 60 Ländern ausgestrahlt wurde. Die Liste der

Künstler, die daran teilnahmen, liest sich wie das „Who is Who" der internationalen Musikszene (z. B. Whitney Houston, Phil Collins, Sting, George Michael und Stevie Wonder), auch einige bekannte Schauspieler (z. B. Richard Gere, Whoopi Goldberg und Denzel Washington) traten auf. Zwanzig Monate später wurde Mandela freigelassen. 1993 wurden er und Frederik de Klerk mit dem Friedensnobelpreis ausgezeichnet.

Ohne die Vision von Nelson Mandela hätte die Geschichte der Rassentrennung einen anderen Verlauf genommen. Doch ohne die Unterstützung vieler tausender Menschen auf der ganzen Welt wäre die Vision nicht über so viele Jahre am Leben gehalten und weitergetragen worden. Mandela wusste das und es war eines seiner Führungsprinzipien, die Menschen immer wieder um ihre Unterstützung zu bitten und ihnen dafür zu danken, dass sie für seine Vision und seine Ziele mit ihm kämpften. Die erwähnte Rede ist ein Meisterwerk der Rhetorik. Nachdem er mit dem oben angeführten Zitat begonnen hatte, grüßte er alle Organisationen, Vereinigungen und Gruppen auf der ganzen Welt, die ihn unterstützten. Dann stellte er in klaren Worten fest, dass die Apartheid keine Zukunft hätte: „We have waited too long for our freedom. We can no longer wait." Und dann zählte er auf, was jetzt konkret zu tun wäre – von Weißen wie Schwarzen. Motivation einer riesigen Gruppe durch klare Ziele und Handlungsaufforderungen in einer schwierigen Zeit des Umbruchs und der Veränderungen: Mandela legte die Latte hoch, setzte sich gegen viele Widerstände durch und nicht alles ist gelungen. Doch er hat nie aufgegeben, und seine Ideale motivieren Menschen auf der ganzen Welt, gemeinsam für eine bessere Zukunft zu kämpfen.

Sie brauchen die Unterstützung anderer

Starke Führungskräfte wissen, dass die Macht der Motivation erst in der Gruppe richtig erblüht. Im Gruppengefühl steckt das größte Potenzial, die größte Kraft, die Energie, die Sie für die Erreichung wirklich großer Ziele brauchen. Um diese Ziele zu erreichen, brauchen Sie die Unterstützung anderer.

Als Führungskraft haben Sie mit Gruppen unterschiedlicher Größen zu tun, vom kleinen Team bis zum Unternehmen mit tausenden Mitarbeitern. Die Prinzipien, wie Sie Gruppen motivieren, sind jedoch immer dieselben:

- Legen Sie Ihr größtes Ziel fest.
- Suchen Sie Vorbilder, die das Ziel schon erreicht haben.
- Suchen Sie Menschen, die an Sie glauben.
- Nutzen Sie die motivierende Kraft von Gruppengesprächen.
- Pflanzen Sie Ihrer Gruppe große Visionen ein.
- Aktivieren Sie immer wieder und stetig Ihre Gruppe.
- Konzentrieren Sie Ihre Mitarbeiter immer wieder auf ihre Stärken.

„Wer Wunder will, verstärke seinen Glauben", rät uns Goethe. Und im 13. Grundgesetz der Lebensentfaltung sagen wir: Der Glaube geht der Tat voraus. Diese Überzeugungen können Ihnen helfen, sich in einen überzeugenden Motivator zu verwandeln. Der Satz „Ich glaube an mich" ist reine Eitelkeit. Aber der Gedanke „Ich glaube an meine Ziele" ist reines Gold. Aus diesem Grunde sollten Sie nicht herausfinden, was Sie alles haben oder erreichen wollen, sondern – das ist von entscheidender Bedeutung:

Was ist mein größtes, mein wertvollstes Ziel?

In unseren Rhetorik-Seminaren bitten wir die Teilnehmer: Fällen Sie in den nächsten Wochen Ihre wichtigste Entscheidung: Auf welchem Gebiete möchten Sie in fünf Jahren die Nummer eins sein? Durch diese Entscheidung wird Ihr Lebensweg gerade. Sie folgen keinem Zickzack-Kurs.

Erfolgreich werden wir Menschen nicht durch Eitelkeit, sondern indem wir anderen Nutzen bringen. Nicht die Vielseitigkeit, sondern das Einmalige bringt uns näher ans Ziel. Daraus ergibt sich die Frage:

Wer hat vor mir das gleiche Ziel schon erreicht?

Notieren Sie jetzt die Namen von zehn Menschen, die an Sie glauben und für die Sie ein Vorbild sind. Pflanzen Sie diesen Menschen Ihre größten Träume und Ziele ein.

Gehen Sie mit Ihrer Motivationsstrategie immer den gleichen Weg:

- Zunächst formulieren Sie das große Fernziel.
- Teilen Sie das Fernziel in viele kleine Schritte auf, auf die Sie sich konzentrieren und die Sie erreichen können.
- Fragen Sie sich: Welchen Nutzen, welche Vorteile haben die Menschen von meinen Zielen?

Führen Sie so oft wie möglich Gruppengespräche

Große Ziele erreichen können Sie nur dann, wenn andere Menschen Sie unterstützen. Der Einzelgänger hat in unserer Zeit keine Chance mehr. Darum sagen wir immer wieder: Da wir nur in Gruppen große Ziele erreichen können, müssen immer wieder Gruppen gebildet und geführt werden! In der Gruppe können Sie das Unterbewusstsein wesentlich stärker beeinflussen. Im Einzelgespräch aktivieren wir zu stark den Intellekt. Das Ergebnis: Wir werden sehr oft auf ein „Nein" stoßen. In der Gruppe aber haben wir die Möglichkeit, die rechte Gehirnhälfte zu aktivieren. Hier entsteht das „Ja". Hier wirkt das Gesetz der Ansteckung: Immer wieder entsteht ein motivierendes Klima, das aktiviert. Und es gibt nichts Mächtigeres als das Feuer von Gruppen, die von einer Sache begeistert sind. Hier wird die große Macht der Motivation spürbar und sichtbar.

Anerkennung fördert das Gruppengefühl

Menschen – nicht nur Ihre Mitarbeiter – brauchen Erfolgserlebnisse. Erkaufen Sie die Unterstützung Ihres Teams nicht mit Geld. Zu großen Zielen führen Sie durch Anerkennung. Setzen Sie gezielt Motivationstechniken ein, die die Menschen in ihrem Inneren berühren, sie einbeziehen und ihre Erfahrungen und Erlebnisse zu einer wertvollen Unternehmensressource machen.

- Zeichnen Sie Ihre erfolgreichen Mitarbeiter aus. So wie bei den Olympischen Spielen zählt nicht das Geld, sondern die Gold-, Silber- und Bronze-Medaille. Wählen Sie eine Anerkennung, die man sehen, fühlen, zeigen kann: eine Trophäe, ein Pokal, eine Urkunde, eine Reise. Ein Geldgeschenk auf dem Konto sieht kein Mensch.
- Setzen Sie auf Lob, Ermutigung, Auszeichnungen und Beförderungen.
- Entscheiden Sie sich für transparente Aufstiegskriterien und verstärken Sie damit die Gewissheit, dass sich Leistung lohnt und anerkannt wird.
- Ermöglichen Sie Gemeinschaftserlebnisse wie Reisen, Einbindung der Partnerinnen oder Partner, Geschenke, Feste, Einladungen prominenter Vorbilder und Großveranstaltungen.
- Lassen Sie die Mitarbeiter einen Firmenslogan oder eine „Hymne" erarbeiten, bringen Sie eine Firmenbiografie oder ein andere Unternehmenspublikation heraus, an der alle mitarbeiten dürfen.
- Lassen Sie ältere Mitarbeiter den jüngeren von den Anfängen des Unternehmens erzählen. Nützen Sie die Macht von Geschichten.
- Bieten Sie so viel Identifikationspotenzial wie möglich, schaffen Sie Freiräume für Ideen und schaffen Sie Anlässe, auf das Unternehmen und die eigene Leistung stolz zu sein.
- Nutzen Sie außerdem jede Möglichkeit, kleine und große Erfolge zu feiern. So bleibt das Feuer der Begeisterung erhalten.

Alle diese Maßnahmen erhöhen die Bindung an das Unternehmen, an die Ziele des Unternehmens und an die Personen, die Kollegen, Mitarbeiter und Führungskräfte. Sie stärken die Beziehung der Gruppe untereinander. Die Einbeziehung von Partnern der Mitarbeiter, von Kunden, Lieferanten, des gesamten Umfeldes des Unternehmens kann ein weiteres starkes Motivationsinstrument sein. Damit wird das Wir-Gefühl gesteigert und Sie als Initiator, als Chef, können sich positiv im Unterbewusstsein Ihrer Mitarbeiter verankern.

Denken Sie immer an die Macht der Suggestion. Pflanzen Sie Ihren Mitarbeitern positive Suggestionen ein, indem Sie eine Sprache verwenden, die die Mitarbeiter positiv programmiert. Sprechen Sie in Meetings nicht nur darüber, was schlecht gelaufen oder schiefgegangen ist, sondern sprechen Sie ausdrücklich über alles, was funktioniert hat, was gut gelaufen ist. Wer eine gute Leistung erbracht hat, soll sich über Applaus freuen dürfen, die Gruppe soll sich mit dem Mitarbeiter freuen, an seinem Erfolg emotional teilhaben. Das stärkt sein Selbstvertrauen und das Selbstvertrauen der anderen, die sehen: Hier wird Leistung anerkannt, hier darf ich mich einbringen, hier darf ich aber auch mal einen Fehler machen, ohne dass ich kritisiert werde.

Denken Sie bei all Ihren Motivationsbestrebungen aber auch immer daran, konkrete Zielvorgaben zu machen und deren Erreichung regelmäßig zu kontrollieren! Das vermittelt den Mitarbeitern den Sinn, den sie für eine erfolgreiche Erfüllung ihrer Aufgaben brauchen. Geben Sie konstruktives Feedback und ermöglichen Sie so Entwicklung und Wachstum.

Alle Menschen, die große Ziele hatten, spürten nach einem erfolgreichen Start eine Phase der Verunsicherung. Diese Phase zeigt sich immer wieder bei ganz gleich welchen Zielen. Aus diesem Grunde müssen Sie vorbereitet sein. Geben Sie nicht bei der kleinsten Schwierigkeit gleich auf. Wenn Sie wissen, dass früher oder später die Phase der Verunsicherung kommt, haben Sie so die Möglichkeit, durchzustarten. So verlieren Ihre Gruppe und Sie nie das Feuer der Begeisterung.

Nutzen Sie die Macht des gesprochenen Wortes

Abbildung 4: Motivation pur! – Nikolaus B. Enkelmann auf dem Speakers-Excellence-Wissensforum

Eine feurige Motivationsrede kann und wird nicht nur den Zusammenhalt der Gruppe verstärken, sondern auch in anderen den Wunsch wecken, Ihnen zu helfen. Durch den Einsatz der Macht der Worte lassen sich große Gruppen am besten motivieren.

Die größten Veränderungen der Weltgeschichte sind von großen Reden und großen Rednern geprägt, die mit einfachen Worten die Massen begeistert und überzeugt haben. Wenn Sie historisch bedeutende Reden (z. B. von John F. Kennedy, Martin Luther King, Mahatma Gandhi, Nelson Mandela oder Barack Obama) näher betrachten, werden Sie feststellen, dass es dabei immer um Motivation geht. Gute Redner sprechen nicht über sich, sondern über ihre Ziele. Sie danken den Menschen für ihre Unterstützung, sie zeigen ihnen Ziele, für die zu arbeiten und zu kämpfen es sich lohnt. Sie motivieren zu aktivem Handeln, zu Veränderungen und zur gegenseitigen Unterstützung, sie fördern das Gruppengefühl und die Zusammengehörigkeit. Sie beflügeln die Menschen, sie erschließen Leistungsreserven und wecken in den Menschen den Wunsch, Teil eines größeren Ganzen zu sein.

Eine gute Rede ist Motivaton pur

Reden und Vortragen gehört zu den Fähigkeiten, die man sich am besten dadurch aneignet, indem man sie übt. Nützen Sie jede Gelegenheit, vor anderen zu sprechen! Ein gutes Rhetorik-Seminar ist die beste Grundlage, um ein guter Redner zu werden. Redekunst will geübt sein, und es ist ein tolles Gefühl, wenn Sie von Mal zu Mal spüren, wie Sie immer besser und stärker werden. Doch dafür reicht es nicht, ein gutes Buch zu lesen. Besuchen Sie also schon bei nächster Gelegenheit eines unserer Rhetorikseminare in Königstein.

Je besser Sie eine Rede oder einen Vortrag vorbereiten, umso leichter wird es Ihnen fallen, durch Ihre Worte zu motivieren. Für eine gelungene Rede sind mehrere Komponenten wichtig:

- Klarheit über das Ziel, das Sie mit Ihrem Auftritt verfolgen,
- die gute Vorbereitung auf Ihre Rede,
- der erfolgreiche Vortrag selbst.

Was wollen Sie mit Ihrer Rede erreichen?

- Wollen Sie informieren? Überzeugen? Auf jeden Fall wollen Sie motivieren!
- Was sollen die Menschen tun, zu welcher Handlung fordern Sie sie auf?
- Welchen Nutzen haben die Zuhörer von Ihrer Rede?

Wer ist Ihr Publikum?

- Zu wie vielen Menschen sprechen Sie?
- Welches Vorwissen haben diese Personen?
- Wie lang soll Ihr Vortrag sein?

Nun können Sie Ihre Rede vorbereiten. Sammeln Sie Material, notieren Sie sich Zitate zum Einstreuen. Und dann verfassen Sie Ihre Rede. Bereiten Sie sich ruhig einen Leitfaden vor, den Sie dann zum Vortrag mitnehmen und sichtbar in der Hand haben oder auf das Pult legen.

Der Grundaufbau einer Rede folgt einem einfachen Muster: Einleitung – Hauptteil – Schlusssatz.

1. Die Einleitung

Im ersten Teil Ihrer Rede geht es nur darum, die Sympathie Ihrer Zuhörer zu gewinnen. Dies erreichen Sie durch eine einfache Methode: Sie sprechen in dieser ersten Phase Ihrer Rede nicht über sich und auch nicht über das Thema. Erzeugen Sie zunächst Zustimmung beim Publikum. Das heißt, gehen Sie auf dem Publikum bekannte Tatsachen ein, denen dieses einfach nur aus vollem Herzen zustimmen kann. Wozu kann Ihr Publikum auf Anhieb ja sagen? Das stellen Sie an den Anfang. Solche „Zustimmungssätze" kann man am besten aus Fakten und aus Gemeinsamkeiten ableiten. Der aktuelle Wochentag ist ein Fakt, ebenso, dass jedes Jahr am 24. Dezember Weihnachten ist oder dass wir in einer Demokratie die Möglichkeit haben, frei zu wählen. Das können banale Aussagen sein, Hauptsache, die Zuhörer können in den ersten Minuten Ihrer Rede mehrmals innerlich zustimmen. Ein besonders wirkungsvolles Mittel, das Publikum für sich einzunehmen, ist Lob. Loben Sie Ihre Zuhörer und Sie werden alle Sympathien auf Ihrer Seite haben.

Tabu ist in den ersten fünf Sätzen das Wort „ich". Ein Redner, der gerade am Anfang zu oft das Wort „ich" verwendet, wirkt schnell egozentrisch und so, als ob ihm die Zuhörer nicht wichtig seien. Leiten Sie dann mit folgenden Worten zum Hauptteil über: „Lassen Sie uns heute über … reden."

2. Der Hauptteil

Im Hauptteil behandeln Sie das Thema Ihrer Rede. Sprechen Sie klar und deutlich, vermeiden Sie komplizierte Sätze und Fachjargon. Gehen Sie von der schwächsten zur stärksten Aussage. Am besten beschränken Sie sich dabei auf maximal drei Argumente. Das letzte und wichtigste Argument wird Ihren Zuhörern am besten in Erinnerung bleiben.

Folgendes Gerüst funktioniert immer – auch die erwähnte Rede von Nelson Mandela ist nach diesem Prinzip gestaltet: Bauen Sie den Hauptteil anhand der Zeitfolge auf, das heißt, beginnen Sie mit dem Thema in der Vergangenheit (erster Punkt), gehen Sie dann auf die gegenwärtige Situation ein (zweiter Punkt) und nehmen Sie die Zuhörer dann mit in die Zukunft (dritter Punkt). Beim dritten Punkt sagen Sie voraus, was in Zukunft geschehen wird. So können Sie über zahlreiche Themen sprechen und bei Bedarf und mit einiger Übung sogar ohne Vorbereitung und ganz spontan:

- Was war früher?
- Wie ist dies heute?
- Und wie wird es in Zukunft sein?

Die Anzahl von drei Elementen, der „Dreiklang", ist übrigens immer gut: Einleitung–Hauptteil–Schluss, drei Wünsche, die Heilige Dreifaltigkeit, drei Zitate, zum Ersten, zum Zweiten, zum Dritten: Drei vermittelt immer ein Bild der Geschlossenheit, während mehr uns den Überblick verlieren lässt und man sich mehr als drei Elemente auch nur schwer merken kann.

3. Der Schlusssatz

Der Schlusssatz ist immer eine positive, zum Handeln auffordernde Formulierung.

Er ist der wichtigste Punkt Ihrer Rede, der Höhepunkt, der motivierende Schlusspunkt. Damit beweisen Sie, ob Sie eine echte Führungskraft sind oder einfach nur nette Worte produzieren. Hier gilt es, eine ganz klare Handlungsaufforderung zu formulieren. Fordern Sie Ihr Publikum mit positiven Formulierungen auf, etwas Bestimmtes zu tun. Empfehlen Sie den Menschen etwas Konkretes. Sagen Sie den Zuhörern klar und deutlich, was sie tun sollen, was ihre nächsten Schritte sind. Arbeiten Sie den letzten

Satz gut aus, lernen Sie ihn auswendig und üben Sie ihn. Sie können damit Ihre Motivationswirkung enorm steigern.

So bauen Sie eine motivierende Rede auf

Die Struktur motivierender Reden orientiert sich meist an folgender Fünf-Punkte-Gliederung, die von Alan H. Monroe schon Anfang der 1930er-Jahre entwickelt wurde:

Wachrütteln: „Wir haben hier ein Problem."

Dringlichkeit: „Darum ist das Problem für uns so bedrohlich oder wichtig." – „Das wird passieren, wenn wir dieses Problem nicht lösen."

Beruhigen: „Ich habe eine Lösung."

Visualisieren: „Das wird passieren, wenn wir meinen Lösungsweg einschlagen. Achtung: Wenn wir das nicht tun, dann wird folgendes passieren …"

Handlung: „Sie können mir helfen, indem Sie folgendes tun …"

Immunisieren: „Andere Menschen werden Sie warnen oder nicht verstehen. Doch unsere gemeinsame Lösung ist die beste!"

Der Vorteil dieser Struktur ist, dass man sie auf alle Probleme anwenden kann und sie den Redner nicht nur dazu zwingt, ganz klar Stellung zu beziehen, sondern den Zuhörern auch sagt, welche Hilfe von ihnen erwartet wird.

Stärken Sie Ihre motivierende Wirkung

- Fangen Sie erst zu sprechen an, wenn alle Augen auf Sie gerichtet sind.
- Blicken Sie zu Beginn Ihrer Rede nicht unruhig im Publikum herum, sondern suchen Sie sich eine Person, die Sie sympathisch fin-

den, und sprechen Sie die ersten Sätze mit Blickkontakt zu dieser Person. Die anderen Anwesenden werden sich ebenso angesprochen fühlen und Sie wirken ruhig und konzentriert.

- Sorgen Sie dafür, dass Sie vor Ihrem Vortrag namentlich vorgestellt werden; wenn das nicht möglich ist, dann stellen Sie sich selbst nach der Einleitung kurz vor.

- Steigen Sie gleich in Ihre Einleitung ein – in der Sie Zustimmung sammeln, das heißt nichts Neues erzählen, sondern die innere Zustimmung Ihrer Zuhörer holen und sich durch positive Formulierungen als Sympathieträger positionieren. „Sehr geehrte Damen und Herren, unser Unternehmen hat in den letzten Wochen bewiesen, dass wir auf dem richtigen Weg sind. Sie, Sie allein haben das möglich gemacht. Lassen Sie uns heute gemeinsam über die Herausforderungen der Zukunft sprechen und wie wir unseren Kunden noch mehr bieten können. Unsere Kunden sollen von uns begeistert sein. Mit drei Neuerungen soll unser Service und damit unser Unternehmen zukunftssicher gemacht werden." Nun leiten Sie auf den Hauptteil über, der aus drei Punkten bestehen sollte.

- Holen Sie bei Ihrem Vortrag nicht zu sehr aus, beschränken Sie sich auf das Wesentliche, darauf, was Sie zur Erreichung Ihres Ziels brauchen.

- Belehren Sie nicht. Das Publikum wird es Ihnen mit seiner Sympathie danken, denn niemand lässt sich gern schulmeistern. Zeigen Sie den Zuhörern, dass Sie deren Kompetenz schätzen. „Sehen wir uns nun die erforderlichen Punkte an ..." statt „Ich werde Ihnen nun erklären, wie Sie vorgehen sollen ...".

- Betonen Sie das Gemeinsame und erwähnen Sie Trennendes nur bedingt bzw. schwächen Sie es ab.

- Versuchen Sie nicht, zu beweisen, dass Sie der oder die Klügste sind.

- Halten Sie sich kurz und kommen Sie rasch zum Punkt. Denken Sie daran, dass nach zehn Minuten die Konzentration der Zuhörer abnimmt.

✧ **Die große Macht der Motivation** ✧

- Machen Sie Pausen!
- Betonen Sie immer wieder Gemeinsamkeiten.
- Verwenden Sie speziell zu Beginn und am Schluss das Wörtchen „ich" sehr sparsam. Verwenden Sie stattdessen „wir" und „Sie". Sprechen Sie über das Publikum und nicht über sich: „Wir werden diese Herausforderungen meistern", „Sie können dazu beitragen ...", „Sehen Sie sich diese Entwicklung an ...".
- Verwenden Sie positive Formulierungen: „Arbeiten wir gemeinsam am Erfolg ..." statt „Vermeiden wir künftig Misserfolge ..."; „Denken Sie an die Chancen der Zukunft ..." statt „Vergessen Sie die Fehler der Vergangenheit ...".
- Sprechen Sie in Bildern und erzählen Sie Geschichten. Storys sprechen die Menschen auf der Gefühlsebene an, mit Storys können sich die Menschen identifizieren und sie merken sich die Inhalte besser.
- Bauen Sie Zitate ein.
- Wechseln Sie zwischen längeren und kurzen Sätzen. Dadurch halten Sie die Spannung.
- Entschuldigen Sie sich nicht und entwerten Sie sich nicht, indem Sie sich selbst schlecht oder klein machen.
- Verwenden Sie Moderationskarten (DIN A5 quer) mit Stichworten, auf die Sie beim Hauptteil Ihres Vortrags bei Bedarf blicken können.
- Lernen Sie den Anfang und den Schluss Ihrer Rede auswendig, damit Sie bei diesen wichtigen Teilen Ihrer Rede das Publikum anblicken können. Dies ist sehr wichtig für die Wirkung Ihrer Rede!
- Der letzte Satz ist der Wichtigste – beenden Sie Ihre Rede mit einer Handlungsaufforderung! „Lassen Sie uns gemeinsam die neuen Leitlinien mit Leben füllen!", „Erzählen Sie gleich morgen Ihren Kunden davon!", „Lassen Sie mich an Ihren Ideen teilhaben".

Nichts kann den Geist des Menschen mehr mobilisieren als die Macht des Wortes.

Die große Macht der Motivation beruht auf Überzeugung

Ihre Motivationswirkung und Ihr Einfluss auf andere wird durch die Fähigkeit, erfolgreich zu sprechen, besonders gefördert. Mit dem Wissen über die Macht der Rhetorik werden Sie bei jeder Gelegenheit, bei der Sie mit und vor anderen sprechen, noch besser durch Ihre Sprache motivieren können. Denken Sie dabei immer daran:

- Alle Menschen brauchen Bestätigung und Anerkennung.
- Lob und Anerkennung haben eine Langzeitwirkung.
- Zustimmung erzeugt Vertrauen.
- Die ständige Wiederholung einer Idee wird erst zum Glauben, dann zur Überzeugung.
- Das Wort verändert den, der es spricht, und den, der es hört.
- Prophezeiungen sind unglaublich mächtig.
- Eine Prophezeiung wirkt im Unterbewusstsein.
- Fragen sind Suggestionen, die das Unterbewusstsein öffnen.
- Alle Suggestionen und Fragen lenken Gedanken in die gewünschte Richtung.

Führungskräfte, die andere für ihre Ziele gewinnen möchten, müssen überzeugen und überzeugend sein. Trainieren Sie Ihre Fähigkeit, andere zu überzeugen und für Ihre Pläne und Ziele zu gewinnen.

Überzeugen Sie mit Hilfe von Gruppengefühlen

Menschen orientieren sich bevorzugt an Personen aus ihrem sozialen Umfeld. Der Mensch ist ein Gemeinschaftswesen, er sucht nach Gruppenzugehörigkeit. Sie können wenig überzeugungswillige Menschen beispielsweise für Ihre Pläne gewinnen, wenn es Ihnen gelingt, eine weniger „widerspenstige" Person aus einer Gruppe (zum Beispiel hierarchisch gleichgestellter Mitarbeiter in der Vertriebsabteilung) zu überzeugen, die auf die anderen Gruppenzugehörigen einen großen Einfluss hat.

Überzeugen Sie, indem Sie geben, was Sie selbst bekommen möchten

Wie Sie in den Wald hineinrufen, so schallt es heraus. Menschen zahlen gern mit gleicher Münze zurück, negativ wie positiv. Behandeln Sie deshalb die Menschen so, wie Sie selbst behandelt werden möchten. Führungskräfte können dieses Prinzip nutzen, indem sie das Verhalten vorleben, das sie von ihren Mitarbeitern erwarten.

Überzeugen Sie durch verbindliche Zusagen

Bringen Sie Ihre Mitarbeiter mit klar abgegebenen Zusagen und verlockenden Vorteilen dazu, Ihnen verpflichtet zu sein, das zu tun, was Sie von ihnen wollen. Eine Zusage ist verbindlicher, wenn sie schriftlich und öffentlich abgegeben wird. Auf jeden Fall ist eine derartige Zusage immer verpflichtend, wenn es zu keinem Vertrauensbruch kommen soll.

Überzeugen Sie durch Sachverstand

Menschen schenken dem Experten Glauben. Viele Führungskräfte gehen fälschlicherweise davon aus, dass ihre Fachkompetenz und ihr Sachverstand allgemein bekannt ist und gewürdigt wird. Doch die Anerkennung von Expertenwissen erfolgt nur durch eine aktive Informationspolitik: Die Mitarbeiter müssen erfahren, was der Chef wirklich weiß und kann. Erst dann akzeptieren sie ihn als kompetente Autorität und folgen dadurch bereitwilliger seinen Anweisungen.

Überzeugen Sie durch Gemeinsamkeiten und Lob

Menschen empfinden Sympathie für Menschen, die ihnen Sympathie und Zuneigung entgegenbringen. Besonders wirkungsvolle Sympathiebringer sind Gemeinsamkeiten und Lob. Wer Gemeinsamkeiten herstellt (Sport, Urlaub, Interessen), findet besseren Kontakt zu seinen Mitmenschen. Wer Lob spendet, fördert beim anderen die Bereitschaft, etwas von der Zuwendung zurückzugeben, etwa Wünsche des Lobenden zu erfüllen.

Der Mensch ist das wertvollste Kapital: Motivation im Sky Service Center

Die Sky Deutschland AG ist mit ihrem Angebot an digitaler Fernsehunterhaltung eines der innovativsten Medienunternehmen in Deutschland. Das Kerngeschäft von Sky ist das Abo-Fernsehen, mit dem mehr als 2,7 Millionen Haushalte versorgt werden. Kundenservice wird bei Sky großgeschrieben und die Hauptanlaufstelle für Fragen zum Service ist die Sky Deutschland Service Center GmbH in Schwerin. Die Mitarbeiterinnen und Mitarbeiter beantworten am Telefon, per E-Mails, Fax und Brief Fragen der Kunden zu Abonnements und Technik. Ein eigenes Team kümmert sich um Anfragen von Geschäftskunden, zum Beispiel als Anlaufstelle für „Sky Sportsbar"-Betreiber. Wir haben mit Daniela See, Managing Director im Sky Deutschland Service Center in Schwerin und damit Vorgesetzte von über 500 Mitarbeitern, über die Erfolgskriterien ihres Unternehmens gesprochen:

Nikolaus und Claudia Enkelmann: Warum sind Ihre Mitarbeiterinnen und Mitarbeiter so motiviert?

Daniela See: Das hängt mit unserer Führungsphilosophie zusammen. Wir legen unseren Fokus auf eine positive Mitarbeiterführung. Mit Respekt und Wertschätzung wollen wir unsere Mitarbeiter erfolgreich machen. Eine große Prämisse dabei ist, dass man mit Führung stets verantwortungsvoll umgeht. Die Interessen und Fähigkeiten der Mitarbeiter sind zu erkennen und individuell zu betrachten. Nur so ist das Fordern und Fördern und eine klare Orientierung an Zielen möglich. Bei der Thematik individueller Motivation gehört eine nach allen Seiten offene Feedbackkultur zwingend dazu.

Die Mitarbeiter brauchen Visionen und Ziele. Ihnen muss bewusst sein, dass man diese nur mit Anstrengung meistern und erreichen kann. Als Führungskraft muss man diese Visionen mit Begeisterung und Leidenschaft authentisch vermitteln. Zur Mitarbeitermotivation gehört das Bewusstsein, selbstbewusst als Vorbild zu agieren und Werte zu vermitteln.

Besonders zu erwähnen ist es auch, dass es speziell in Quereinsteigerberufen von Bedeutung ist, dass jeder aus sich etwas machen kann, jeder hat die Chance, aus seinem Leben etwas Besonderes zu machen. Und motivierte Mitarbeiter sind das wertvollste Kapital eines Unternehmens.

Nikolaus und Claudia Enkelmann: Was tun Sie, um die besten Mitarbeiter zu binden?

Daniela See: Unsere besten Mitarbeiter werden mit besonderem Augenmerk in wichtige Projekte integriert. Sie agieren dabei als Vorbilder für andere Mitarbeiter. Sie sind teilweise in strategische Unternehmensentwicklungen involviert und bekommen dadurch eine besondere Wertschätzung. Sie treten auch in einem Netzwerk in der Außenwahrnehmung bei Veranstaltungen für unser Unternehmen auf und repräsentieren somit die Philosophie. Auch stufenweise monetäre Anreize sind dabei von elementarer Bedeutung.

Nikolaus und Claudia Enkelmann: Wie motiviert das Unternehmen seine besten Mitarbeiter?

Daniela See: Die Erfolgreichsten erhalten öffentliche Anerkennung für ihre Leistungen. Es gibt finanzielle, zielorientierte Anreizsysteme. Nicht zu vernachlässigen sind die jährlichen Awards, die traditionell zu unseren Weihnachtsfeiern mit Begeisterung und individuellen Preisen überreicht werden. Diese Mitarbeiter werden vom Management mit einer besonderen Laudatio gewürdigt. Das ist Ansporn für alle anderen Mitarbeiter.

Nikolaus und Claudia Enkelmann: Gibt es spezielle Programme, Trainings oder Instrumente in Ihrem Unternehmen?

Daniela See: In unserem Unternehmen gibt es umfangreiche interne Weiterentwicklungs- und Motivationsprogramme. Viele persönliche Gespräche, die für den Mitarbeiter aufbauend und wertschätzend wirken. Man interessiert sich. Speziell auch Mentoringprogramme zur Persönlichkeitsentwicklung, in denen unter anderem vermittelt wird, Stärken des einzelnen Mitarbeiters zu stärken. Auch dass es zur Arbeitswelt und im privaten Umfeld dazugehört, dass es immer Hochs und Tiefs in Lebensphasen gibt, die es zu meistern gilt. An Misserfolgen kann man wachsen. Jeder Mensch hat 24 Stunden – „Was mache ich daraus?" ist eine der Kernbotschaften der Trainings.

Wir nutzen extern gern Seminare und erlebnisreiche Veranstaltungen, so auch bei Ihnen im Institut Enkelmann in Königstein. Ihre Rhetorik- und Persönlichkeitsseminare sind von prägender Bedeutung.

Nikolaus und Claudia Enkelmann: Wie gehen Sie mit unmotivierten Mitarbeitern um?

Daniela See: Hinterfragende Gespräche führen. Ein guter Zuhörer sein. Hinter die „Kulissen" des Einzelnen schauen. Was sind die wahren Faktoren der Unzufriedenheit? Eingehen auf die familiären Aspekte oder Veränderungen, die ein Mitarbeiter erlebt. Dem Mitarbeiter Sinn vermitteln und Wertschätzung geben. Unter- oder Überforderungen erkennen und darauf eingehen. Verständnis zeigen und sich Zeit nehmen für den Einzelnen. Ihm entgegenkommen und gleichzeitig Rahmenbedingungen vermitteln. Dem Mitarbeiter aufzeigen, welchen Nutzen er dem Team bringen kann.

Nikolaus und Claudia Enkelmann: Welche Bedeutung haben Gruppentreffen, Monatsmeetings und Großveranstaltungen für die Motivation?

Daniela See: Der Austausch mit verschiedenen Bereichen des Fernsehunternehmens Sky hat eine äußerst wichtige Bedeutung für unsere Mitarbeiter. Sie sind inspiriert vom besonderen Fernsehen. Sie erhalten Informationen aus erster Hand und können Produkte und Innovationen mitgestalten. Sie sehen den Sinn ihrer Arbeit und können sich profilieren und einbringen.

Der Austausch ist geprägt durch viel Lob und konstruktive Feedbacks, nur das bringt ein modernes Unternehmen nach vorne. Dabei sind Weiterentwicklungen auch in verantwortungsvolle Bereiche möglich.

Monatsmeetings mit Rankings der geleisteten Zahlen und Updates der Leistungen werden mit Begeisterung angenommen. Man trägt zum Unternehmenserfolg bei. Teamabende mit Incentives und auch sportliche Betriebsveranstaltungen bringen „Fun" in die Teams und fördern den Teamgeist.

Großveranstaltungen mit Teilnahme des High-Level-Managements wie Sommerfeste und Weihnachtsfeiern prägen die Verbundenheit und sind dankbare Geschenke für die Mitarbeiter. Es ist etwas Besonderes. Auch Incentives bei Programm- und Filmpreviews sind bei den Mitarbeitern und auch deren Familien sehr beliebt. Soziale Projekte, die unterstützt werden und von denen positiv in der Presse berichtet wird, sind ebenso ein wertvoller Beitrag für die Unternehmenskultur.

Feiern, in die auch die Familienangehörigen integriert werden, vor allem auch die Kinder, wie Kinderweihnachtsfeiern, sowie Kinderferiencamps vereinen die Balance zwischen leistungsbezogener Arbeitswelt und Familiensinn.

Nikolaus und Claudia Enkelmann: Was sind für Sie die wertvollsten Motivationstipps?

Daniela See: Lobende Gespräche, die Mitarbeiter mit Leidenschaft anspornen, ihnen Visionen vermitteln und ein respektvoller Umgang untereinander. Mitarbeiter wertschätzen und sie fordern. Disziplin und Regeln des täglichen Trainings gehören dazu. Nur so kann man Außergewöhnliches leisten und wird ein Fachmann, ein Könner auf seinem Gebiet. Die Botschaft dabei: Sei ein guter Problemlöser und triff Entscheidungen!

Nikolaus und Claudia Enkelmann: Wie wichtig ist die berufliche Gemeinschaft für die Motivation des Einzelnen?

Daniela See: In der Gemeinschaft kann man sich messen, man kann sich gegenseitig prägen und von Vorbildern lernen. Man erhält Lob und Anerkennung in der Gemeinschaft und fordert sich zu Spitzenleistungen heraus. Teamwettbewerbe, in denen es Gewinne zum Produkt und Goodies gibt, sind tolle Brandings für Teamspirit.

Nikolaus und Claudia Enkelmann: Vielen Dank für die interessanten Einblicke in die Grundlagen Ihres Erfolgs und Ihres Motivationskonzepts!

Wer motivieren kann, kann Wunder vollbringen

Mit siebzehn Jahren las ich einen Spruch, der etwa folgendermaßen lautete: „Lebe jeden Tag so, als wäre es dein letzter Tag, und eines Tages wird es stimmen."

So schaue ich nun seit dreiunddreißig Jahren jeden Morgen in den Spiegel und frage mich: „Wenn heute der letzte Tag meines Lebens wäre, würde ich dann tun, was ich mir für heute vorgenommen habe?"

Und wenn die Antwort darauf allzu oft hintereinander „Nein" lautet, dann weiß ich, dass ich etwas ändern muss.

Steve Jobs, CEO von Apple, Rede vor Absolventen der Stanford University, 2005 (Quelle: http://news.stanford.edu/news/2005/june15/jobs-061505.html)

Gerade in unserer modernen Gesellschaft, in der es so viele Chancen und Wahlmöglichkeiten gibt, in der Erfolg und Scheitern oft so nahe beieinander liegen, in der wir vor so vielen Herausforderungen und Veränderungen stehen, ist die Kunst der Motivation entscheidend, denn dort entfaltet sie ihre volle Wirkung. Es gilt, Menschen zu begeistern, sie zu ermutigen, an ihre eigenen Stärken zu glauben, und mit ihnen gemeinsam große Ziele zu erreichen.

Wir brauchen überall auf dieser Welt wirkungsvolle Motivatoren: in der Politik, in den Familien, in den Schulen und Universitäten, in den Kirchen, in der Medizin, in der Industrie, im Handel, im Sport, im Vereinsleben, in jedem Beruf und an jedem Arbeitsplatz.

Wenn Sie mit offenen Augen, offenen Ohren und offenem Herzen durch Ihr Leben gehen, werden Sie überall auf Menschen treffen, die auf einen erfolgreichen Motivator warten. Ihre Chancen auf dem Weg in eine erfolgreiche Zukunft liegen in der Aktivierung der Ressourcen in diesen Menschen – und in Ihnen selbst.

Erfolge sind gelöste Probleme – würde es keine Probleme geben, hätten wir keine Chance, erfolgreich zu sein. Jedes Problem gibt uns die Chance zu zeigen, wie tüchtig, wie fähig, wie genial wir sind. Lassen Sie uns dieses Buch daher mit der Erfolgsgeschichte von Edmund Hillary abschließen:

Edmund Hillary hatte von seinen Sponsoren Geld gesammelt, um den Mount Everest zu erklimmen. Die Expedition scheiterte und enttäuscht musste er zurück nach London. Ein großer Misserfolg, wenn Sie so wollen.

Um Sponsoren zu finden und um neues Geld für eine weitere Expedition zu sammeln, hielt er in England Lichtbildvorträge. Er zeigte die schönsten Dias vom Himalaja-Gebirge. Zum Schluss warf er ein grandioses Bild vom Mount Everest an die Leinwand. Er drehte seinem Publikum den Rücken zu, blickte auf den Mount Everest und sagte voller Überzeugung: „Du kannst nicht mehr wachsen – aber ich."

Seine zweite Expedition gelang und machte Edmund Hillary weltberühmt.

Sollten Sie einmal vor einem großen Berg von Problemen stehen, sagen Sie genau wie der große Bergsteiger Hillary:

Meine Probleme können nicht mehr wachsen, aber ich.

Mit der großen Macht der Motivation mobilisieren Sie die brachliegenden Kräfte und Fähigkeiten. Begegnen Sie sich selbst und den Menschen daher *immer* mit dem Bewusstsein, dass in jedem Menschen gewaltige Ressourcen schlummern. Wer an sich oder seinen Mitmenschen nichts Gutes findet, ist nur zu faul, danach zu suchen.

Vergeuden Sie diese Potenziale nicht. Nützen Sie die Gesetze der Motivation, um die Welt jeden Tag ein Stück besser zu machen. Nützen Sie die Zeit, die Ihnen zur Verfügung steht, um *Sinn-Volles* zu tun. Ermöglichen Sie dies anderen ebenso.

Lieben Sie, was Sie tun.

Danksagung

Wir sind ein Teil von allen, denen wir begegnet sind.

Dankbar sind wir all jenen, von denen wir in den vergangenen Jahrzehnten lernen durften. Dieses Buch und damit jeder Leser profitiert von den Erfahrungen jener Leader, die täglich die Macht der Motivation zum Wohle ihrer vielen Mitarbeiter anwenden.

Dankbar und glücklich sind wir, dass wir in Dr. Oskar Mennel einen mutigen und so überzeugenden Verleger gefunden haben. Seine inspirierende und ermutigende Art hat uns stets motiviert, ein wirklich gutes Buch zu schreiben.

Dankbar sind wir Günter Butter, einem wahren Meister der Motivation, der uns durch sein persönliches Vorbild und seine unglaublich sympathische Art, mit Menschen umzugehen, eine große Quelle der Inspiration ist. Seit Jahrzehnten ist er einer der erfolgreichsten Direktionsleiter Deutschlands und hat niemals die Begeisterung für seinen Beruf und seine Mitarbeiter verloren. Er war es, der uns die faszinierende Erfolgsgeschichte der Deutschen Vermögensberatung AG offenbart hat.

Dankbar sind wir Markus Heinze, der mit seinem innovativen Personalentwicklungskonzept maßgeblich dazu beigetragen hat, dass Harry-Brot heute die erfolgreichste „Großbäckerei" Deutschlands ist.

Dankbar sind wir Daniela See, die seit vielen Jahren mit großer Leidenschaft und erstaunlichem Erfolg das Sky Deutschland Service Center leitet und so die Chance hat, täglich die Gesetze der Motivation zu praktizieren.

Dankbar sind wir Karina Matejcek, die dieses spannende Projekt redaktionell, professionell und freundschaftlich begleitet hat. Sie kennt unser Erfolgssystem mit all seinen Facetten. Dank ihrer unschätzbaren Hilfe, ihren Anregungen und gelungenen Formulierungen ist ein so großartiges Buch entstanden.

Dieses Buch wird Ihnen helfen, Ihren Visionen treu zu bleiben. Es gibt viele Wege zum Erfolg, doch Sie, liebe Leserinnen und liebe Leser, können und sollten nur einen Weg gehen: Ihren Weg.

Danke, dass wir Sie auf diesem Weg begleiten dürfen.

Literatur

Bach, Richard: Heimkehr. Ullstein Verlag 1995

Bertelsmann Stiftung, Roland Berger Strategy Consultants, Bild, Hürriyet: Zukunft durch Bildung. Die große Bildungsumfrage, Ergebnisse der Online-Bürgerbefragung als Download: www.bildung2011.de (Abruf 15. Juli 2011)

Bose, Ruma; Faust, Lou: Mother Teresa, CEO. Unexpected Principles for Practical Leadership. Berrett-Koehler Publishers 2011

Csikszentmihalyi, Mihaly: Flow. Das Geheimnis des Glücks. Klett-Cotta 2010

Denny, Richard: Motivate to Win. Learn how to motivate yourself and others to really get results. Kogan Page 2009

Enkelmann, Claudia E: Einfach mehr Charisma. Was uns wirklich beeindruckt. Wie Sie auf andere wirken. Linde Verlag 2010

Enkelmann, Nikolaus B.: Die Säulen des Erfolgs. Wie man aus sich und seinem Leben das Beste macht. Gabal Verlag 2011

Enkelmann, Nikolaus B.: Ich kann, was ich will. CD: Gabal 2003

Enkelmann, Nikolaus B. Enkelmann, Claudia, E.: Erst dein Traum macht dich groß. Wie Wünsche uns den Weg weisen. Gabal Verlag 2010

Enkelmann, Nikolaus B.; Rückerl, Thomas: Wie man Vertrauen gewinnt. Walhalla U. Praetoria 2010

Frankl, Viktor E.: … trotzdem Ja zum Leben sagen. Ein Psychologe erlebt das Konzentrationslager. Deutscher Taschenbuch Verlag 1998

Frankl, Viktor E.; Kreuzer, Franz: Im Anfang war der Sinn. Von der Psychoanalyse zur Logotherapie. Ein Gespräch. Piper Verlag 1991

Fredrickson, B. L.; Losada, M. F.: Positive Affect and the Complex Dynamics of Human Flourishing. American Psychologist, 60 (2005), S. 678–86

Gladwell, Malcolm: Überflieger. Warum manche Menschen erfolgreich sind – und andere nicht. Campus Verlag 2010

Goslick, Adrian; Elton, Chester: The Carrot Principle. How the Best Managers Use Recognition to Engage Their People, Retain Talent, and Accelerate Performance. Free Press 2009

Gottman, John M.: Die 7 Geheimnisse der glücklichen Ehe, Ullstein Taschenbuch 2002

Graf, Helmut: Die kollektiven Neurosen im Management. Viktor E. Frankl. Wege aus der Sinnkrise in der Chefetage. Linde Verlag 2007

Kaltenbach, Walter: Was im Verkauf wirklich zählt! Die besten Methoden für volle Auftragsbücher. Businessvillage 2009

Logsdon, John M.: John F. Kennedy and the Race to the Moon, Palgrave Macmillan 2010

Lowe, Tamara: Get Motivated! Overcome Any Obstacle, Achieve Any Goal, and Accelerate Your Success with Motivational DNA. Crown Business 2009

Lukas, Elisabeth: Binde deinen Karren an einen Stern. Was uns im Leben weiterbringt. Neue Stadt 2011

Lukas, Elisabeth: Heute ist der erste Tag vom Rest deines Lebens. Schritte zu einer erfüllten Existenz. Gütersloher Verlagshaus 2007

Mandela, Nelson: Der lange Weg zur Freiheit. Fischer Taschenbuch Verlag 1997

McClelland, David C.: Motivation und Kultur. Huber 1967

Metzger, Roberta: Mutter Teresa. Missionarin zwischen Nächstenliebe und Dunkelheit. Bucher 2010

Murray, S. L.; Holmes, J. G.; Dolderman, D.; Griffin, D. W.: What the motivated Mind sees: Comparing Friends Perspectives to Married Partners Views of Each other. Journal of Experimental Social Psychology 36 (2000), 600–620

Murray, S. L.; Holmes, J. G.; Griffin, D. W.: Reflections on the Self-Fulfilling Effects of Positive Illusions. Psychological Inquiry, 14 (2003) 289–95.

Peseschkian, Nossrat: Der Kaufmann und der Papagei: Orientalische Geschichten in der Positiven Psychotherapie. Fischer Taschenbuch Verlag 1979

Pink, Daniel H.: Drive: Was Sie wirklich motiviert. Ecowin Verlag 2010

Pohl, Reinfried: „Ich habe Finanzgeschichte geschrieben". Ein Gespräch mit Hugo Müller-Vogg. Hoffmann und Campe, 5. Auflage 2010

Pohl, Reinfried: Am Anfang unserer Zukunft. Weichenstellung für das 21. Jahrhundert, hg. von Friedhelm Ost. Deutsche Verlags-Anstalt 1998

Pohl, Reinfried: Der letzte Patriarch. „Mister Allfinanz" im Urteil bedeutender Zeitgenossen, hg. von Hugo Müller-Vogg. Hoffmann und Campe 2008

Roberts, Monty: Das Wissen der Pferde und was wir Menschen von ihnen lernen können. Bastei Lübbe 2010

Rückerl, Thomas: Coaching mit NLP-Werkzeugen. Wiley-VCH Verlag 2008

Schmidbauer, Wolfgang: Hilflose Helfer. Über die seelische Problematik der helfenden Berufe. Rowohlt Verlag (rororo) 1992

Schuller, Robert H.: Aus Tränen werden Edelsteine. Gerth Medien 2003

Schuller, Robert H.: Meine Lebensreise. Gerth Medien 2004

Seiwert, Lothar: Noch mehr Zeit für das Wesentliche. Zeitmanagement neu entdecken. Goldmann 2009

Seiwert, Lothar: Wenn Du es eilig hast, gehe langsam. Mehr Zeit in einer beschleunigten Welt. Campus Verlag 2005

Seligman, Martin E. P.: Der Glücksfaktor. Warum Optimisten länger leben. Ehrenwirth 2003

Seligman, Martin E. P.: Flourish: A Visionary New Understanding of Happiness and Well-being. Free Press 2011

Seligman, Martin E. P.: Pessimisten küßt man nicht – Optimismus kann man lernen. Droemer Knaur 1991

Tracy, Brian: Eat that frog. 21 Wege, um sein Zaudern zu überwinden und in weniger Zeit mehr zu erledigen. Gabal 2007

Wiseman, Richard: Wie Sie in 60 Sekunden Ihr Leben verändern. Fischer 2010

Seminare mit
Nikolaus B. Enkelmann

Der Erfolgreiche Weg

das 6-tägige Intensiv-Seminar:

Psychologie des Erfolgs • Zukunftsgestaltung • Optimismus • Erfolgswissen &
Entfaltung der individuellen Persönlichkeit • Die Gesetze der Lebensentfaltung
Praxisnahe Anleitung zu mehr beruflichem & privatem Erfolg
Ressourcen aktivieren & verstärken
Persönliche Lebensträume erkennen & verwirklichen

Mentale Power: Das Alpha-Training

das 2,5-tägige Intensiv-Seminar:

Die Macht des Unterbewusstseins erkennen & nutzen • Das Geheimnis der Sieger
Stärkung der Belastbarkeit • Entspannt nach oben • Innere Ruhe & Gelassenheit
Abbau von Stress & Ängsten • Gezielte Selbstmotivation
Steigerung der Lebensfreude & des Leistungspotenzials
Entdecken Sie Ihre persönliche Genialität!

Rhetorik & Körpersprache

das 2,5-tägige Intensiv-Training:

Die Macht der Sprache • Menschen überzeugen und gewinnen • Sicher und souverän
auftreten • Abbau von Lampenfieber • Die Stimme als Erfolgsorgan
Schwächen- & Stärkenanalyse • Menschenkenntnis & Körpersprache
Gekonnte Verkaufsrhetorik • Aufbau einer wirkungsvollen Rede
Menschenführung & Motivation • Der Schlüssel zur Macht • Rhetorik & Erfolg

ENKELMANN Königstein
INSTITUT FÜR RHETORIK – MANAGEMENT – ZUKUNFTSGESTALTUNG

Seminare mit
Dr. Claudia E. Enkelmann

Erfolgsstrategien, Selbstvertrauen & Rhetorik für Frauen

Frauen auf ihrem Weg nach oben – Das 2,5-tägige weibliche Intensiv-Seminar

Stärkung des Selbstbewusstseins • Grundlagen von Glück, Erfolg & Liebe

Souverän auftreten & frei sprechen • Stärken erkennen & gezielt nutzen

Wie Sie alles bekommen, was Sie wollen

Gekonntes Gefühlsmanagement, Partnerschaft, Männermotivation

Sich weich durchsetzen • Erfolgsgeheimnisse & Tricks erfolgreicher Frauen

Modernes Beziehungsmanagement: Gemeinsam noch erfolgreicher!

das 1,5-tägige Intensiv-Seminar:

Geheimnisse glücklicher Paare • Partnerschaft & Karriere • Was Männer brauchen &

Frauen glücklich macht • Überwinden von Krisen & Negativem

Sicherheit & Erfolg durch eine starke Partnerschaft

Unterschiede zwischen Männern und Frauen verstehen und humorvoll meistern

Tipps & Anregungen für eine positive & erfolgreiche Partnerschaft

Das Charisma-Training: Das Geheimnis positiver Ausstrahlung

Das 2-tägige Intensiv-Seminar:

Die Macht des ersten Eindrucks • Persönliche Wirkungsanalyse • Unbewusste

Wahrnehmungsprozesse erkennen und nutzen • Überzeugen mit Persönlichkeit

Reden lernen wie Obama • Menschenkenntnis & Körpersprache • 7 Schlüssel für mehr

Charisma • Der WOW-Effekt • Emotionale Intelligenz • Symbole & Strategien der Macht

Einfach mehr Charisma

Enkelmann-Institut • Postfach 11 80 • 61451 Königstein/Ts.
Telefon 06174-20320 • Fax 06174-24379 • Internet: www.Enkelmann.de